AWS IoT
Amazon Web Services Internet of Things
実践講座

デバイスの制御から
データの収集・可視化・機械学習まで

AWS Japan
シニアIoTコンサルタント
小林嗣直

AWS Japan
シニアデータサイエンテ
大平賢

技術評論社

はじめに

世の中を大きく変える仕組みとして、モノのインターネット、すなわち、IoT（Internet of Things）が大きな注目を集めています。あらゆるモノがインターネットに繋がることで、

- デバイスを遠隔操作して利便性を上げる
- センシング技術を活用してこれまで手に入らなかったデータを収集する
- そのデータを保存し、分析や機械学習を通じて洞察を得る

ことが可能になってきています。エアコンやペットの餌やりをスマートフォンで行うことができるようになるなどの身近な例から、製造業や農業などの産業まで、幅広い分野での活用が進んでいます。これまで職人技といわれていた伝統工芸のような分野でもIoTを活用して気温や湿度に影響を受ける生産工程を定量化し、職人の勘に頼らずとも安定的に生産できるようにする取り組みも行われ始めています。

国内IoT市場の動向として、IT専門調査会社IDC Japanの市場予測（2023/6/7に発表）によると、2022年のユーザー支出額が5兆8,177億円であったのに対し、今後年間平均成長率8.5%で成長し、2027年には8兆7,461億円に達すると見込まれています。日本では少子高齢化により労働人口が減ってきており、これまで通りのやり方では業務が回らなくなってきている業界もあるため、今後ますますさまざまな分野でIoTに対するニーズは高まっていくことが予想されています。

一方で、IoTを導入するには3つのハードルがあります。

》技術領域の広さ

デバイスから機械学習に至るまで広い技術領域をカバーすることが必要で、横断的な技術領域をカバーできる人材が必要となります。

» セキュリティの課題

デバイスがインターネットにつながることで、デバイスを通じたネットワーク攻撃の可能性などこれまで想定してなかった新たなセキュリティリスクが生じることがあります。

» スケーラビリティの確保

ネットワークに接続するデバイス数やデータ量が増えるにつれて通信負荷が増大するため、そのトラフィックを処理するシステムのスケーラビリティが必要となります。

IoTのシステムを構築するためには、デバイスとメッセージをやり取りするメッセージングサーバーや、時系列データを保存するためのデータベース、デバイスの管理やファームウエアの配信を行うためのサーバ等を構築する必要が出てきます。オンプレミスのサーバーで構築することも可能ですが、サーバーの冗長化やスケールアウト設計、セキュリティ対策を自前で用意するには高い技術力と運用能力が求められます。また、データの活用を行うためには、自前でデータ分析基盤や機械学習を行うためのシステムを構築する必要があり、そのような経験のないユーザにとっては敷居が高いのが現状です。そのため、現在ではクラウドサービスを利用してシステムを構築するのが一般的です。クラウドサービスの1つであるAWSでは、デバイスからのデータ収集から、データの活用にいたるまで10以上のIoTサービスを提供しており、それらのサービスの中から必要なものを組み合わせることでクイックかつ容易にIoTワークロードを実現できます。AWS IoTサービスはフルマネージドサービスとして提供されていて、ビジネスの差別化につながらないサーバーのスケーラビリティやセキュリティなどの実装をAWSに任せることができます。データ分析や機械学習についても、AWSのマネージドサービスを利用することで、システムをイチから自前で構築するのに比べると容易に実現することが可能になっています。そのようなメリットがあるため、AWS IoTサービスは国内外の各分野で広く利用されています。

これまで組み込み系の開発に携わってきた方の中には、デバイスや物理的なハードウエアの設計には慣れ親しんでいるものの、クラウド側の実装はよくわからないという方も多いでしょう。また逆に、これまでサーバ側の開発に携わってきた方の中には、ハードウエア周りの知識がなく二の足を踏んでいる方もいるかも知れません。本書では、筆者がこれまでに経験したハードウェア開発とクラウド上開発の両面の知見を活かし、どのようにAWS上にIoTサービスを構築すればよいか、どのようにセンサーデバイスから得られるデータをセキュアな形でAWS上のクラウドシステムと連携すればよいかをステップバイステップで解説します。IoTを導入したいというお客様からよく耳にするご相談に「データはとりあえず取得して保存することはできているが、それをどのように活用してビジネス価値を創出してよいかわからない」というものがあります。機器から得られたデータを活用してビジネス価値を生むためには、システムを構築するための知識や技術だけではなく、データを使ってどのように意思決定を行えばよいのか、自社のユースケースに合わせて考える必要があります。

本書では、得られたデータをどのように活用していけばよいのかという点についても解説します。仮説をたて、データの可視化、データ分析、機械学習の適用といったステップを踏むことで、初心者の方でもデータを活用してビジネス価値を生み出す考え方が理解できるようにしています。また、比較的安価に購入可能なESP32と呼ばれるマイコンデバイスを使用し、実際に手を動かしながら学べる構成になっています。

1～4章はアマゾンウェブサービスジャパン合同会社のシニアIoTコンサルタントである小林が主に執筆しています。筆者（小林）は、これまでにソニー株式会社にてハードウェアの電気設計、組み込み系のソフトウェア開発を経験した後に、大手EC サイトのバックエンドのシステム開発を経験し、現在はAWSにて、お客様がIoT のシステム構築やデータ分析基盤の導入、機械学習の適用を行う支援を行っています。

5章はアマゾンウェブサービスジャパン合同会社のシニアデータサイエンティストである大平が主に執筆しています。著者（大平）はこれまでに、大手SIerにて製造工程管理システムのインフラ、アプリケーション構築を経験後、製造業を中心としたデータ分析（設備異常検知や品質不良検知など）を実施してきました。現在はAWSにて、データ分析基盤導入やML分析支援、お客様のMLOps実現に向けた支援などを行なっています。

本書を通じて、実際に手を動かしながらIoTシステムの構築方法やAWSとの連携方法、データの活用方法を学び、そのことが皆様の新しい挑戦の一助になることを願っております。

本書で使用した機材

本書では読者の方が実際に手を動かしてIoTシステムを構築してその動きを理解するということを目的としています。もちろん読んでいただくだけでもご理解いただけるように執筆しておりますが、本書の中で紹介させていただく機材を手元にご用意いただき、実際に動作を確認しながら読んでいただくと、より理解が深まると思います。以下に本書のなかで使用した機材の情報をまとめましたので、必要に応じてご活用ください。また、これまでAWSを使ったことがない、という方もいらっしゃると思います。AWSには無料利用枠が用意されており、例えばAWS IoT Coreであれば12ヶ月間無料で試すことができます。アカウントの作成も簡単なのでこれを機に実際に試してみてください。

» ESP32-WROVER CAMボード（Freenove社）

2～4章で使用。価格は2500円程度（2024年9月時点）。

https://www.amazon.co.jp/dp/B0CJJHXD1W

» 温湿度センサーモジュール　DHT11

4章で使用。Web上で「DHT11」で検索いただくと購入可能なボードがいくつか表示されると思います。ジャンパー線とセットになっているものを購入いただくと、直接上記のWROVERボードと接続ができるので便利です。

サポートページ

書籍にでてくるプログラム・書籍で参照するページのURLは、

https://github.com/tsugunao/IoTBook

で閲覧できます。

目次

第2章 デバイスとクラウドの接続

クラウドからのデバイスの制御

デバイスから取得したデータの可視化

第5章 機械学習の適用（Amazon SageMaker）

第1章

AWS IoTで
ビジネス課題を解決しよう

この章では、IoTのシステムを導入するにあたり必要となる、「デバイス／センサー」、「ネットワーク」、「クラウド／サーバー」などの基礎知識を解説します。また、AWSのどのようなサービスを使用することでIoTのシステムを構築することができるのか簡単に解説し、IoTを導入することでどのようなビジネス価値を生むことができるのかをいくつかの事例を通して紹介していきます。

1-1 IoT導入の基礎知識

まず、IoT導入のための基礎知識を解説します。IoTはデバイスからデータを収集し、そのデータを活用するもので、主な構成要素は「デバイス／センサー」「ネットワーク」「クラウド／サーバー」となります。

デバイス／センサー

センサーには、温度センサー、湿度センサー、照度センサー、加速度センサー、GPSなどさまざまな種類があり、用途に応じて使い分けられています。以下にセンサーの種類とその用途についてまとめました。

●さまざまなセンサー

温度・湿度センサー	空間の温度・湿度を測定して数値化するセンサー。農業での生育管理や工場内での機器やシステムの異常の検知に使用される
加速度センサー	物体の速度変化を測定し、対象の振動や加わった衝撃の情報を収集する

GPSセンサー	人工衛星を利用した位置情報計測システムを使用して物体の位置情報を測定する。カーナビやスマートフォンに利用される
圧力センサー	気体や液体の圧力を測定するセンサー。血圧計、洗濯機や工場の油圧管理に使用される
光センサー	可視光、赤外線、紫外線など、さまざまなスペクトルの光を検知するためのセンサー。人や物の有無検出に利用される
二酸化炭素センサー	空間の二酸化炭素濃度を検出するセンサー。病院や商業施設の換気の監視やビニールハウスの管理に使用される
イメージセンサー	画像データを取得して電気信号に変換することができるセンサー。画像センサーは主にスマートフォンやデジカメなどのカメラに搭載されている
人感センサー	人や物の動きを検知するセンサー。一般的に、周囲の温度変化を感知する赤外線センサーが用いられる。人を検知して照明をつけたり、防犯等に利用される
照度センサー	空間の明暗を検知するセンサー。センサー内にある受光素子に入射した光を電流に変換することで明るさを検知する。照明のON/OFFを自動化するための周囲の照度測定などに広く用いられる
電流センサー	設備機器の電流値、消費電力などを計測するセンサー。設備機器の回路に電流計を設置して電流を測定する
流量センサー	流体量のデータを取得するためのセンサー。貯水タンクのポンプに流量計を取り付けて流量を観測することにより、ポンプの故障や目詰まりにいち早く気づくこと可能となる
距離センサー	光や超音波の反射を利用し距離を測定するセンサー。最近では自動運転向けにさまざまなタイプの距離センサーを組み合わせ、障害物を高精度で認識し、安全性の確保に貢献している

センサーはマイコン（MCU：Micro Controller Unit）もしくはマイクロプロセッサ（MPU：Micro Processor Unit）と呼ばれるデバイスと接続され、そこからネットワークにデータを送信します。マイコンとマイクロプロセッサはどちらもCPUを搭載しチップ化したものです。以下の表に示すように性能・機能・消費電力・価格に違いがあります。一般的には、マイコンは比較的安価で消費電力が低く、演算処理が限定的な家電製品等の組み込み機器でよく使用されます。一方で、マイクロプロセッサは処理能力が高い分コストや消費電力も高く、電力が安定して供給できる機器、たとえば自動車やテレビなどで使用

されることが多いです。最近ではシングルボードコンピュータと呼ばれる、小さな1枚（シングル）の基板の上にコンピュータとして必要なほぼすべての機能や要素を実装したものがマイコン、マイクロプロセッサ共に発売されており広く使われています。

●マイコンとマイクロプロセッサの比較

	マイコン	マイクロプロセッサ
性能機能	演算ビット数；8～32ビット 動作周波数：数メガから数百メガヘルツ	演算ビット数：32ビット、64ビット 動作周波数：数百メガヘルツから数ギガヘルツ
消費電力	低い（数W。通常は1W未満）	高い（数W～数十W。高いものは100Wをこえるものも）
コスト	高くても数千円	数千円から高いものでは数万円
OS	プリミティブな機能を提供するRTOS(Real Time OS)上でアプリケーションが動作することが多い	Linux等のOSと連動してドライバやランタイムが動作し、その上でアプリケーションが動作する
具体例	Espressif Systems社のESP32, ARM社のCortex-M等	ARM Cortex-A, ARM Cortex-R等
主な用途	家電製品等組み込みシステムの制御	PC等のコンピューターシステムの処理
シングルボードコンピューター	ESP32 DevKitC, Raspberry Pi Pico	Raspberry Pi 3, Raspberry Pi 4, NVIDIA Jetson Nano

ネットワーク

デバイスとサーバー／クラウドの間でデータを送受信するためにはネットワークに接続する必要があります。デバイスとサーバー／クラウド間の通信は、利便性のため無線通信を利用することが多いです。無線通信規格にはさまざまな種類があり、その転送速度や通信距離、消費電力を考慮して採用する方式を決める必要があります。よく知られている無線通信方式には、携帯電話回線の

4G／5G／LTEや無線LAN（いわゆるWi-Fi）、Bluetooth、Bluetooth Low Energy（BLE）、ZigBeeなどがあります。IoTでは、従来のインターネットと比べてデータサイズが小さいながら電池で駆動しなければならないといった制約があることも多く、デバイスは低消費電力であることが求められます。そのため、低消費電力で、通信速度は高速でないが広域で通信できるLPWA（Low Power Wide Area）も選択肢の1つとなっています。LPWAには大きく分けて、ライセンスバンド（免許が必要な帯域）を使う場合と、アンライセンスバンド（免許が不要な帯域）を使う場合の2種類があります。ライセンスバンドは携帯電話のキャリアが総務省から割当を受けて利用することができる帯域を使用し、国内ではDocomo、KDDI、Softbankなどの携帯電話のキャリアがサービスを提供しています。一方、アンライセンスバンドは認証を受けた機器であればだれでも自由に利用できます。図に各種通信方式の到達距離と通信速度の関係を、表に主な無線通信規格の概要をまとめました。

● 各種通信方式の到達距離と通信速度の関係

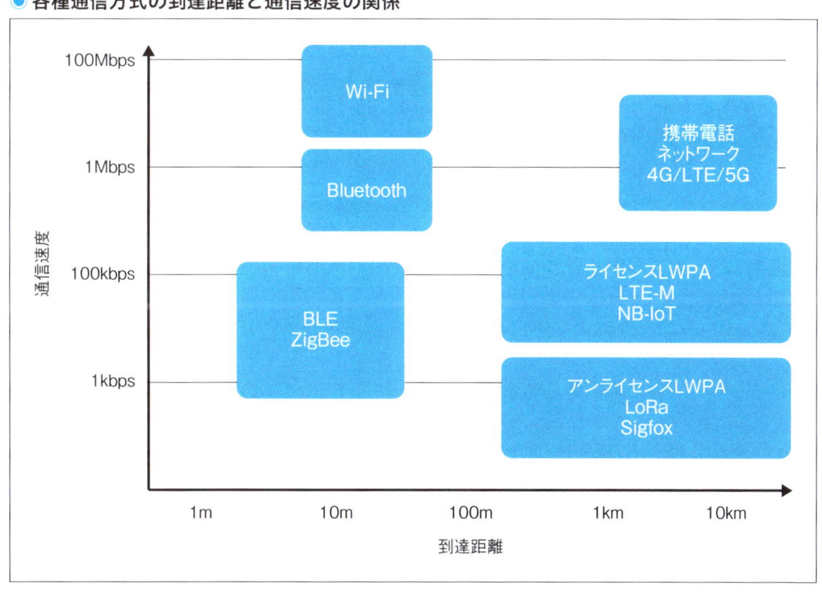

◉主な無線通信規格の種類とその概要

通信規格	概要	主な使われ方
無線LAN（Wi-Fi）	IEEE802.11に準拠する無線LAN。2.4GHzもしくは5GHzのISMバンドを使用する。IEEE 802.11a/b/g/n/ac/axなど多くの種類があり、公共施設、コンビニ、飲食店等にもWi-Fiスポットが設置されている。通信距離は最大でも100m程度で、10Mbps～6.9Gbpsまでの高速通信が可能。消費電力は比較的高い	・デバイスからのリアルタイムデータ転送 ・大容量ファイルの転送 ・ビデオストリーミング
Bluetooth	近距離で機器同士のデータ通信をやりとりする無線通信規格。2.4GHzのISMバンドを使用する。1対1の通信を想定していて、通信範囲は10m程度で低消費電力を売りにしている。転送速度は最大でも24Mbps	・マウスやキーボードとPCの接続 ・ワイヤレスイヤホンなど
BLE	Bluetooth Low Energy。Bluetooth4.0にて追加されたBluetoothをさらに省電力化した通信方式。使い方によってはコイン電池で何年間も使用することが可能。省電力化のためおよそ10kbps程度で運用されることが多い。到達距離も5m程度までの短い距離で運用される事が多い。Bluetooth規格とは互換性がない	・イヤフォン、キーボード、マウスとPCの接続 ・小型電子機器のビーコン
ZigBee	短距離無線通信規格の1つ。通信速度は20kbps～250kbps程度、通信距離は30m程度までとなっている。Bluetoothより消費電力が少なく、複数デバイスとの同時接続が可能	・家電製品のリモコン ・住宅設備のセンサー通信
携帯電話ネットワーク	4G/LTE/5Gなど携帯電話事業社が提供するネットワーク。利用に携帯電話事業者との契約が必要となる。携帯電話用の基地局を利用するため屋内外で広いエリアで安定的に利用可能。約10Gbpsまでの高速通信が可能。消費電力は大きい	・道路や河川のインフラの保守管理 ・製造業の生産ラインの生産性向上 ・農業・畜産業の効率化・省人化
ライセンスLWPA：LTE-M	携帯電話のネットワークを利用するIoT向け通信サービス。通信速度が300kbps～1Mbpsと他のLWPAサービスと比較して高速のためFOTA（Firmware Over The Air: 無線通信によるファームウエア更新）にも使用される。国内ではKDDI、Softbank、Docomoがサービスを提供している	・ファームウエアアップデート ・通信頻度やデータ量が多めの機器

ライセンスLWPA	NB-IoT	携帯電話のネットワークを利用するIoT向け通信サービス。Narrow Band IoTの略で速度や機能を極限まで落とし低コストを追求している。国内ではDocomo、Softbankがサービスを提供しており、低価格で利用可能。たとえば、Softbankでは回線料金は最低月額10円から利用可能。通信速度は上り最大63kbps/下り最大27kbps。低速で遅延を許容可能なIoTアプリケーションに使用される	・パーキングメータ ・水道ガス電気などの各種メーター ・防犯機器などの警報通知
アンライセンスLWPA	LoRaWAN	Loraという変調方式を採用した低電力・広域ネットワークプロトコル。免許不要の帯域を利用して低価格でネットワーク接続を提供する。サービスエリアをカバーするようにゲートウェイ（基地局）を設置することで最大10kmにある機器と通信が可能。通信速度は最大でも250kbps程度。消費電力が少なく、ボタン電池1個の電力でも双方向通信が可能で、連続稼働でも10年間以上持続することも可能。1回の送信データが小さく、省電力で広域で利用したいユースケースに向いている	・水田の水の管理 ・冷蔵庫・冷凍庫の温度管理 ・環境モニタリング
	Sigfox	フランスのUnaBiz SAS社により提供されている無線通信方式で、通信速度は上り100bps、下りは600bps、通信距離は5km ～ 10km。一度に送信できるデータは最大12バイトまで。1日140回までアップロード、1日に4回までダウンロードすることができる。日本では京セラコミュニケーションシステムがSigfox対応のIoT向け低価格通信サービスを提供している。電池1個で5年間程度稼働することが可能	・火災報知器 ・水道ガス電気などの各種メーター ・インフラの管理保守

クラウド／サーバー

ネットワークを通じてクラウド／サーバーに収集されたデータは処理・集計された後、ビジネスに役立てる形でユーザーに提供されます。クラウド／サーバー上で行うべき機能は、デバイスの接続管理、遠隔制御、データの収集や分析、デバイスのファームウェアのアップデート、システムの監視等、多岐に渡ります。これらを自前のサーバーで構築することも可能ですが、開発要素が多いため実際に開発するには長い開発期間が必要となります。そのため、国内外の複数の会社からIoTプラットフォームを構築するためのクラウドサービスが提供されており、これらのサービスを利用することで効率的にIoTサービスを構築できます。本書ではAWSのIoTサービスを活用してIoTプラットフォームを構築する方法を解説します。

1-2 IoTの構成要素と対応するAWSサービスの紹介

IoTのプラットフォームに必要な機能を整理します。以下の図にIoTプラットフォームに必要な機能と、機能に対応するAWSサービスをマッピングしました。

●IoTプラットフォームに必要な機能と、機能に対応するAWSサービス

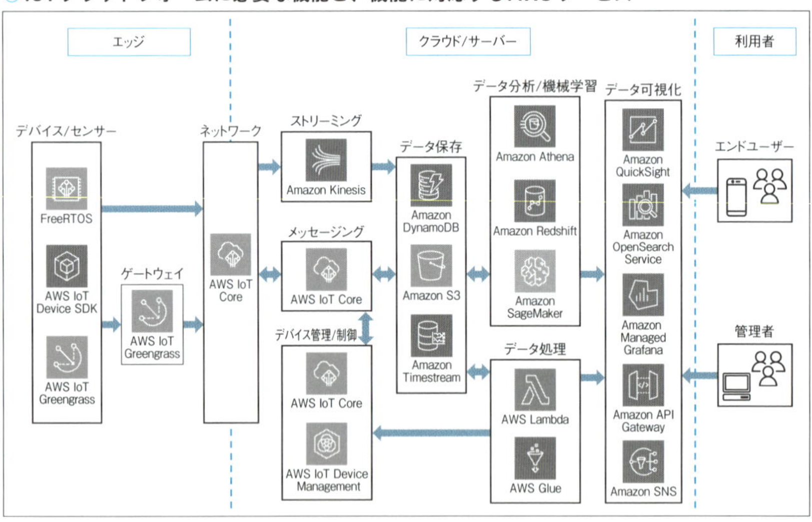

IoTのプラットフォームは大きく分けて、エッジ、クラウド/サーバー、利用者に分けられます。エッジはデバイスやセンサーで構成される部分です。エッジからネットワークを通じてデータがクラウド/サーバーに送信され、クラウ

ド側ではデバイスの管理、データの保存やデータ処理、可視化などが行われ、利用者/管理者に提供されます。以下、それぞれの機能について、どのようなAWSサービスが用意されているのかとともに説明していきます。

デバイス／センサー

デバイスにはセンサーからデータを収集する機能、データを加工する機能、クラウドとデータを送受信する機能が必要です。さらにデバイス内で行う処理の機能追加やバグの修正が必要となることも多く、デバイスのソフトウエアをサービス開始後に更新する機能を実装することも一般的に行われています。AWSではデバイスの処理能力やデバイス側で行いたい処理内容に応じていくつかのソリューションを提供しています。FreeRTOSはマイコン向けのリアルタイムOSで、クラウドとセキュアに接続するライブラリとともに提供されており､家電製品等の低消費電力で低コストなマイコンでよく使用されています。AWS IoT Device SDKはAWS IoTサービスを利用することに特化したSDKで、使用中のデバイス環境にアドオンする形で利用します。Embedded C、C++、Python、JavaScript、Javaなどのプログラミング言語、Arduinoや、Android、iOSなどのプラットフォームをサポートしており小型マイコンからモバイルデバイスまでさまざまなデバイスで使用されています。AWS IoT Greengrassはより高性能なマイクロプロセッサー向けのサービスで、ローカルでのメッセージングやデバイス側でコンテナの実行、機械学習の推論などを行うことができます。

ゲートウェイ

工場内の機器のように直接ネットワークに接続できない機器がある場合、いったんゲートウェイと呼ばれる機器で中継してゲートウェイで何らかの加工や変換をした後にネットワークに送信するといった構成を取る場合もあります。ゲートウェイにはPCのようなある程度処理能力のある機器が用いられる場合が多いです。AWS IoT Greengrassはゲートウェイ機器で使用されることも多く、ゲートウェイ内での処理ロジックの実装やその管理・更新を行うことができます。

ネットワーク／メッセージング

デバイスやゲートウェイで集められたデータはネットワークを経由してクラウド／サーバー側に送付されます。用途によってはクラウド側からデバイスを遠隔制御することもあり、デバイスとクラウドの間で双方向通信を行う必要があります。このようなメッセージングサービスをサポートするのがAWS IoT Coreで、デバイスの認可認証・暗号化通信を通してセキュアな双方向通信を実現し、デバイスの台数や負荷変動に耐えられるスケーラビリティを担保します。

デバイス管理／制御

IoTでは多数のデバイスがプラットフォームに接続されていて、接続されたデバイスの情報やファームウェアの状態を管理し、適切に運用していくことが不可欠です。AWS IoT Core、AWS IoT Device Managementでは多数のデバイスを管理する仕組みが提供されており、これらを利用することでデバイスの管理､制御を効率的に行うことができます。たとえば､デバイス群を特定のグループとしてグループ化して、そのグループを対象にして一連の操作をジョブという形で実施するといったことが可能です。エンドユーザーや管理者がデバイスの制御を行いたい場合には、WebアプリケーションからAmazon API Gatewayを経由して、AWS Lambdaにて制御コマンドを作成し、AWS LambdaからAWS IoT Coreを経由してデバイスにメッセージを送ることでデバイスの制御を行うことができます。

ストリーミング

デバイスからのセンサーデータは温度や湿度データなど比較的小さいデータが毎秒アップされてるというケースもありますが、大量のログやセンサーデータなど絶え間なく送信されてくるストリーミングデータを高速に収集・保存する場合もあります。またデバイス上のカメラから送られてくる映像をクラウドにアップしたいという要望もあります。そのような場合にはAmazon Kinesisサービスを利用します。Amazon Kinesis Data Streamはストリーミングデータをリアルタイムに収集・保存・分析することができるサーバーレスのサービスです。デバイスから送信されるデータをAmazon Kinesis Data Streamで受信し、他のAWSサービスからデータを読み出して使用できます。Amazon Kinesis Video StreamはAWSによるストリーミング動画サービスで、カメラなどのデバイスからAmazon Kinesis Video Streamに送信した映像をクラウド上で分析したり、再生したりすることができます。

データ保存

デバイスから収集された大量のデータの保存先としては、高速なNoSQLデータベースサービスであるDynamoDB、オブジェクトストレージサービスであるAmazon S3、時系列に特化したデータベースサービスであるAmazon Timestreamなどがあります。データ保存に関しては、どのような用途でデータを保存したいのかを考慮し、用途に合ったデータ保存先を選定する必要があります。具体的には、データの構造はスキーマが固定されたデータなのか、それともJSONのようなスキーマフリーのデータなのか、リアルタイム性が求められるデータなのか、それともリアルタイム性は求められないが大容量なデータを低コストで堅牢に保存することが求められるのか、どのようにアクセスされるデータなのか等の要件を考慮して保存先を選択します。一般的に、データをリアルタイムにアプリケーションで可視化するような場合にはAmazon DynamoDBやAmazon TimestreamもしくはAmazon OpenSearch Serviceが使用され、ビッグデータを用いたデータ分析用途には大容量のデータを安価に保存可能なAmazon S3が使用されます。

データ処理

集められたデータを元にデータ分析を行う場合は、まずデータのクレンジングや変換などデータの加工・整形処理を行うことが多いです。その際には、小規模な処理であればAWS Lambdaを使用し、中規模から大規模な処理ではAWS Glueを用いて分散処理をサーバーレスに実行します。

データ分析／機械学習

加工整形が行われたデータは、サーバレスクエリ環境であるAmazon Athenaやマネージドデータウエアハウス環境であるAmazon Redshiftを使用して集計処理や分析処理を行います。集められたデータから機械学習を使ってインサイトを得るためには、Amazon SageMakerを使用して機械学習モデルの作成、モデルのデプロイ、推論を行います。Amazon SageMakerは機械学習を効率的に行うためのツール群で、データの準備、機械学習モデルの作成、モデルの管理・デプロイといった機械学習のワークフローを効率的に行えるようになっています。

データ可視化

データの可視化はユーザーによってニーズが大きく分かれる部分です。AWSはパートナーのソリューションも含めて、さまざまなニーズにあったソリューションを提供しています。Amazon Quicksightはサーバレスで可視化を行うことのできるBIサービスとなっており、ダッシュボードおよびレポートを簡単かつ迅速に作成することが可能です。Amazon OpenSearch Serviceはリアルタイムのモニタリング、ログ分析などを行うことのできる分析プラットフォームで、データの取り込み、検索、集約、分析、ダッシュボードでの表示を容易に行うことができます。Amazon Managed Grafanaはオープンソースのgrafanaをベースとしたフルマネージドな可視化のためのサービスで、運用データを可視化し分析するためによく使用されます。

エンドユーザーや管理者からのデバイスに対するコントロールのための命令はAmazon API Gateway経由で行われ、デバイスやIoTプロットフォーム側から利用者に対する通知にはAmazon Simple Notification Service（SNS）が使用されます。

表にIoTで使用する主なAWSサービスの概要をまとめました。

● IoTで使用する主なAWSサービスの概要

サービス	概要	ユースケース
FreeRTOS	マイコン向けリアルタイムOS。AWS IoT Coreに接続するためのライブラリを含む	家電製品などのマイコン向け
AWS IoT Device SDK	AWS IoTサービスに接続することに特化したSDK。C, Python, Java、JavaScriptなど複数の言語をサポート	小型マイコンからモバイルデバイスまで。すでに開発中の環境がありそこにAWS IoTを追加したい場合に最適
AWS IoT Greengrass	クラウドの機能をローカルデバイスに拡張するためのサービス。ローカルでのメッセージングやコンテナの実行、機械学習推論をサポート	エッジで推論を行いたい場合や、ゲートウェイ内でまとまった処理を行いたい場合に使用
AWS IoT Core	AWS IoTでベースとなるサービスで、デバイスとクラウドの間の安全なメッセージングを行う	デバイスの認可認証、デバイスとの双方向通信、デバイスの属性管理、AWSサービスとの連携
Amazon Kinesis Data Stream	ストリーミングデータをリアルタイムに収集・保存・分析することができるサーバーレスのサービス	大量のログやセンサーデータなど絶え間なく送信されてくるストリーミングデータを高速に収集・保存する
Amazon Kinesis Video Stream	AWSによるストリーミング動画サービス	カメラなどのデバイスから動画像を受信し、保存、再生を行う
AWS IoT Device Management	大量のデバイスを効率的に管理するための仕組み	多数のデバイスをグループとて管理してファームウェアアップデートをジョブとして実施するなど
Amazon DynamoDB	高速なNoSQLデータベースサービス	デバイスから得られた時系列センサーデータ等の保存
Amazon S3	オブジェクトストレージサービス	データ分析用途等大容量のデータの保存
Amazon Time stream	時系列に特化したデータベースサービス	センサーデータ等時系列データの保存

Amazon Athena	データストアに保存されたデータをSQLを使って分析するサーバレスクエリサービス	サーバレスでアドホックにデータ分析を行う
Amazon Redshift	データ分析向けのマネージドデータウエアハウス	大規模なデータ処理・分析を行う
Amazon SageMaker	機械学習を効率的に行うためのツール群	データの準備、機械学習モデルの作成、モデルの管理・デプロイといった機械学習のワークフローを行う
AWS Lambda	サーバレスでコードの実行を行うことのできるコンピューティングサービス	AWSサービスのAPIを呼ぶなど任意のプログラムの実行を行うことができる
AWS Glue	フルマネージドのETLツールとしてデータの変換作業を分散処理で行うことができるサービス	データの分析の前にデータの加工、変換が必要な場合にETL処理を行う
Amazon QuickSight	AWSが提供するサーバレスで可視化を行うことのできるBIサービス	ダッシュボードによるデータの可視化、レポートの生成
Amazon OpenSearch Service	リアルタイムのモニタリング、ログ分析などを行うことのできる分析プラットフォーム	デバイスから取得した時系列データのダッシュボードでの表示
Amazon Managed Grafana	オープンソースのGrafanaをベースとしたフルマネージドな可視化のためのサービス	運用データをダッシュボードにより可視化し、大規模に分析できるようにする
Amazon API Gateway	APIを作成、公開、メンテナンスするためのAWSサービス	APIを経由してユーザーアプリケーションからのデバイスへの制御のコマンドを送付する
Amazon SNS	AWSが提供するフルマネージドのメッセージングサービス	ユーザーに対してデバイスやIoTプラットフォームからのプッシュ通知を送付する

Column

本文中では紹介できないAWS IoTサービス

本書の中では直接取り上げないものの、AWS IoTには他にもサービスがあります。以下の表に本文の中では紹介できないAWSのIoTに関連するサービスの概要とユースケースをまとめました。

● 本文中では紹介できないAWS IoTに関連するサービスの概要とユースケース

サービス	概要	ユースケース
AWS IoT SiteWise	産業機器からデータを収集し、データのモデル化、分析、可視化を行うことのできるサービス	製造業における設備機器のデータを簡単に収集・AWSへ送付し、可視化することができる
AWS IoT Analytics	IoTデータの高度な分析を簡単に実行することのできるフルマネージドサービス	データ分析を行うための前処理やデータのフィルタリング、データの保存、アドホックなクエリの実行や分析を行い可視化を行うことができる
AWS IoT FleetWise	自動車業界向けのサービスで、車両データを収集して変換を行い、クラウドへの転送をより簡単かつコスト効率よく行うことのできるフルマネージドサービス	データを使用して分析や機械学習など車両の状態を分析するアプリケーションに使用することができる
AWS IoT TwinMaker	ビル、工場、産業設備、生産ラインなど実世界のシステムのデジタルツインを作成するためのサービス	実世界のセンサーやカメラからのデータによりデジタルビジュアライゼーションを作成し、物理的な工場、建物、産業プラントの状態をリアルタイムに追跡し、オペレーションを最適化することができる

AWS IoT Device Defender	クラウド側の設定やデバイスの挙動に対してセキュリティチェックを行い、脅威や問題があればそれを検出してセキュリティのリスクを軽減してくれるマネージドサービス	セキュリティの観点からクラウド上の設定を定期的に監査したり、デバイスの挙動を監視して異常動作を検出することができる
AWS IoT Events	IoTセンサーまたはアプリケーションによって発生するイベントを簡単に検出してデバイスの状態をステートマシンにより管理することができるマネージドサービス	例えば機器にトラブルが生じているなど即座に対応しなければならない状況をいち早くみつけて、その問題に対応を行う、ということに利用することができる
AWS IoT Express Link	AWSのパートナーによって開発および提供されるハードウェアモジュールを簡単にAWS IoTに接続させるためのサービス	クラウドの接続するIoTデバイス用のモジュールと接続用のソフトウェアがセットで提供され、これらのモジュールをデバイスのハードウエア設計に統合することで、AWSサービスに安全に接続するためのIoT機器を素早く簡単に構築することができる
Amazon Monitron	産業機器の異常な動作を検出するエンドツーエンドのシステムで、無線センサーを介して機器の振動や温度データを取得し、ゲートウェイデバイスを用いてデータをAWSに転送し、モバイルアプリケーションを使って予知保全システムを構築することができるサービス ※2024/10/10以降、新規利用は不可。2025/10/31にサービス終了予定	機械学習を使ってデータを自動的に分析し、機器の異常な状態を検出。機器の計画外のダウンタイムを軽減することができる

Amazon Lookout for Equipment	既存の機器センサーを利用している環境において、センサーデータを自動的に分析し機械学習モデルを作成し、設備の動作異常を検出することのできるサービス ※2024/10/17以降、新規利用は不可	機械学習の経験がなくても、機器の異常を迅速かつ正確に検出し、機器の計画外のダウンタイムを軽減することができる
Amazon Lookout for Vision	コンピュータービジョンを用いて画像から製品の欠陥を特定し、品質検査を自動化し、産業設備の運用コストを削減するのに役立つ機械学習サービス ※2024/10/31以降、新規利用は不可	機械学習の経験がなくても、工業製品の部品の欠落、車両や構造物の損傷、シリコンウエハーやプリント基板の不良などを識別するための機械学習モデルを構築し、異常を迅速かつ正確に特定することができる

1-3 ユースケースとビジネス価値

IoTをビジネスに活用する上でのユースケースについて、AWS上にIoTシステムを構築した実例からどのようなビジネス価値を生むことができるのか紹介します。

データ可視化の事例：星野リゾート

新型コロナウイルスの流行によって大きなダメージを受けた観光・宿泊業。「旅を楽しくする」をテーマに『星のや』『界』『リゾナーレ』『OMO（おも）』『BEB（べぶ）』の5つのブランドを展開する星野リゾートは過去最大の危機をのりこえるため、全社を挙げてさまざまな施策に取り組みました。情報システムグループは、エンジニアの知見を活かして事業に貢献できる施策を模索した結果、温泉旅館の大浴場の三密回避システムの実現に乗り出します。もともとのアイデアは、大浴場の下駄箱に設置したカメラで混雑具合を確認するというものでしたが、カメラの設置には宿泊客が不安に感じるおそれがあります。そこでIoT技術を使って、入退出をセンサーで計測して混雑状況を知らせる仕組みを開発しました。センサーから得られるデータを処理する仕組みをクラウド上に構築。Amazon API Gatewayを介して集められたセンサーのデータはAWS Lambdaを通じてAmazon RDSに送られ、混雑状況を評価します。こうして施設の宿泊客がスマートフォンで浴場の混雑状況を確認できる大浴場の混雑可視化システムが6週間という短期間で開発され、15施設に展開されました。この取り組みは多くのメディアからの注目を集め、新型コロナ対応の宿泊施設としてのブランディングにもつながりました。データの可視化を通じてビジネスの価値を生み出した一例となります。

●大浴場の三密回避システムのアーキテクチャー

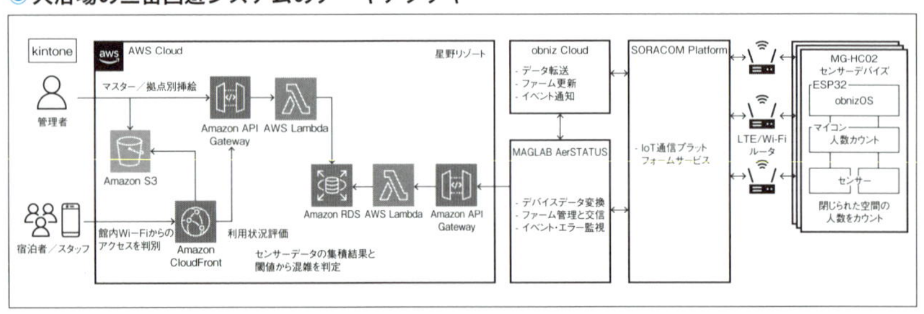

出典：AWS活用事例　星野リゾート
https://aws.amazon.com/jp/solutions/case-studies/hoshinoresorts-classmethod/

データ可視化と機械学習適用による業務効率改善の事例：DESAMIS

● U-motionで牛の行動をモニタリング

「データから農業を変革する」を理念に、農業IoTクラウド事業と農業コンサルティング事業を展開するデザミス株式会社。同社が提供する『U-motion』は、IoTで牛の行動をモニタリングするサービスです。複数のセンサーを内蔵した首輪型のタグを取り付け、「採食」「飲水」「起立」「反すう」など7つの行動を24時間記録。蓄積したデータをもとに予測することで、より合理的な牧場経営を可能にし、慢性的に不足している労働力を補います。『U-motion』ではAWS IoTによってセンサーデータをAWS上にリアルタイムに集約し、モニタリングすることを可能にしています。

● U-motionの構成

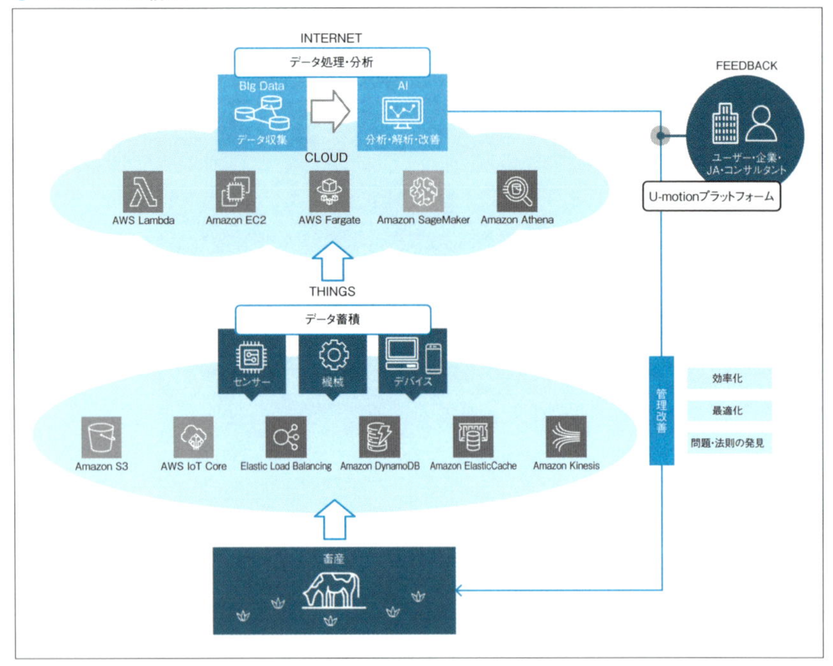

酪農や畜産において、繁殖業務の起点になるのは牛の発情情報で、発情の兆候を検知することが重要ですが、これまでは目視による確認を行っていたため人力による確認に限界がありました。U-motionではセンサーから得られたデータを機械学習により分析することで、発情兆候や疾病兆候を検知してアラートを送信し、農家や獣医師の省力化に貢献しています。U-motionは2016年にリリースして以来、2021年までに国内で600以上の牧場に採用され、13万頭以上の乳牛や肉牛へサービスを提供しています。センサーのデータ量は今までに300TBに達し、加えて牛の行動情報や牛舎の環境情報などが日々蓄積されています。同サービスでは、AWSのマネージドサービスを採用することで、取得した大量のデータを安全に保管し続けることを実現しています。現在、データ収集の基盤には、用途に応じて**Amazon RDS**、**Amazon DynamoDB**、**Amazon ElastiCache**などを活用。モニタリングする牛が増加しても、すぐにスケールできるように最新のセンサーデータはAmazon DynamoDBに

格納し、過去データはAmazon S3で管理することでコストの効率化を図っています。

出典：AWS活用事例　DESAMIS
https://aws.amazon.com/jp/solutions/case-studies/desamis/

クラウド経由でデバイスの制御を行う事例：アイリスオーヤマ

生活用品の企画、製造、販売を行うアイリスオーヤマ株式会社は、Amazon Echo等のスマートスピーカー連携家電を発売しています。アイリスオーヤマでは、LED電球／シーリングライトやエアコンをAmazon Alexaと連携させたIoT家電（音声操作シリーズ）としてリリースし、第3弾としてサーキュレーターを音声操作シリーズに加えようと考えていました。

● アイリスオーヤマのスマートスピーカー対応サーキュレーター

そこでの一番の課題は、使用しているIoTプラットフォームがブラックボックス化されていたことでした。たとえば、IoTプラットフォーム自体が落ちてしまった場合、お客様から問い合わせが来てから気づくので復旧が遅れてしまいます。また、スマートフォンのOSのバージョンアップで一部の機能が使えなくなった場合は改修に時間がかかるという課題もありました。そこで、自前

でシステムを構築すればOSのバージョンアップも事前に検証でき、障害やトラブルにも迅速に対応できると考えました。サーバーレスとマネージドサービスの仕組みを知って、課題だった運用面でもAWSであれば解決できると考え、IoTプラットフォームをAWS上に再構築しました。開発時に重要視していたのは、ユーザー認証、接続の管理、安定した運用の3点でした。ユーザー認証を安易に作るとセキュリティリスクが高くなります。社内に専門家がいないため大きな懸念でしたが、**Amazon Cognito**により堅牢性と使いやすさを両立できました。接続管理については、数千、数万に増加する接続をどう管理するか、クラウド側と製品側の状態の同期が課題と考えていましたが、**AWS IoT Core**とシャドウ（状態情報を保存および取得するために使用されるJSONドキュメント）を活用することで、課題を解決。製品の設計に集中することができました。安定した運用に関しては、AWS IoT Coreを始め全体をサーバレスで構築することで柔軟性とスケーラビリティを持って運用するシステムを構築することができました。2020年7月に音声操作できるサーキュレーターをリリースしたアイリスオーヤマは、システムを再構築したことで迅速な対応を可能にしました。とくに、エラー発生の際にログをリアルタイムに受け取ることができるようになったことが大きく、エラーが発生するとすぐに調査・修正に取りかかれるようになりました。エラー以外のログでも、音声コマンドで良く使われるのは何か？何時頃に使われるか？等、今までは想像するしかなかったログが把握できるようになり、商品開発にフィードバックできるようになりました。同社では音声操作機能をさまざまな家電に搭載することを検討しており、今回構築したAWSのプラットフォームに追加することを考えています。海外での家電販売にも力を入れており、グローバルに展開しているAWSの他のリージョンで今回の仕組みを展開することも視野に入れています。

出典：AWS活用事例　アイリスオーヤマ
https://aws.amazon.com/jp/solutions/case-studies/irisohyama/

データの可視化と遠隔操作を行う事例：鶴見酒造

◉ 鶴見酒造株式会社

酒造りの工程では、蒸米後の麹づくり、酒母づくり、もろみづくりの3つが重要とされ、厳しい温度管理が求められます。従来は酒蔵に足を運んでこれらの温度を確認し、酒造りの最高責任者である杜氏の技術と経験に頼って製造してきました。しかし、最近の酒造現場では杜氏の高齢化、人手不足、技術の継承が問題となっており、働き方改革が必要になっています。

愛知県津島市で上質な日本酒を製造する鶴見酒造株式会社。同社も同様の課題を抱えており、杜氏や酒造職人（蔵人）の勘所だけに頼らない製造方法を模索していました。そのような状況で、先進的な酒蔵が採用している温度管理の自動化に注目し、同社は、AWS IoTなどのAWSのサービスを活用したラトックシステム株式会社の酒造品温モニタリングシステム『もろみ日誌クラウド』を導入しました。

もろみ日誌クラウドは、品温センサーのデータをスマートメーター向けの無線規格Wi-SUNを介してゲートウェイに接続し、携帯電話の回線を利用したLTE-M通信を介してAWSのクラウド環境にデータをアップロードします。クラウドに蓄積されたデータには、PCやスマートフォンを使ってどこからでもアクセスができ、リアルタイムに温度を確認したり、温度変化のグラフを確認したり、帳票を作成して出力したりできます。

◉もろみ日誌クラウドのアーキテクチャー

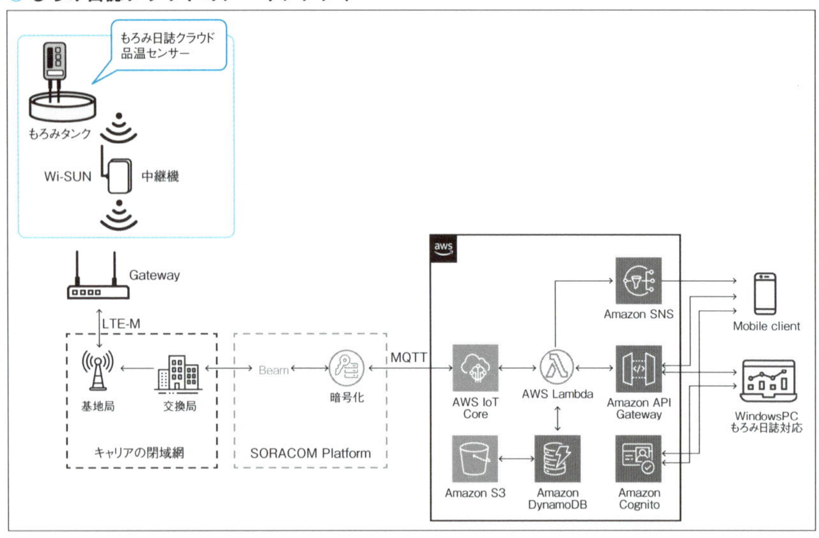

現在、同社では、もろみ日誌クラウドを10月～4月の寒造りで利用しています。もろみタンクや麹室など数か所に設置した温度センサーでデータを10分単位で取得し、AWS上にアップロード。データは同社の社員が必要に応じて見ながら酒造りに活用し、異常があれば即座に駆け付けて必要な作業を行っています。品温が設定温度を外れた時には、スマートフォンにアラート通知する機能も使用しています。

同社がもろみ日誌クラウドの導入によって得られた効果は主に3つあります。その中の最大の効果は、酒質が向上したことです。品温を手元で確認し、温度変化をグラフで追えるようになったことで的確に判断ができるようになりました。その結果、2022年度全米日本酒歓評会にて、大吟醸 我山、純米大吟醸 我山が金賞を、2023年度全米日本酒歓評会では、大吟醸 山荘が大吟醸A部門にてグランプリを受賞しました。2つめの効果は、労働環境が改善され、夜間作業の負荷が大幅に軽減されたことです。日本酒造りは泊まり込みで、夜間も2、3時間おきに品温を確認することが必要ですが、導入後は自宅にいながら品温が確認でき、自動製麹機に作業を任せることができるため、泊まりの作業がなくなりました。3つめは、これまで経験や技術に頼っていた作業をデータやグラフで可視化したことで、技術継承に活用できるようになったことです。杜氏の頭の中にしかなかった酒造りのノウハウを社員全員で共有することができるようになり、温度変化のタイミングで、どの作業をすればいいということが誰でもわかるようになりました。その結果、社員の醸造スキルは短期間で向上しており、将来の人材育成にも役立っています。

出典：AWSお客様事例　鶴見酒造
https://aws.amazon.com/jp/solutions/case-studies/tsurumi-syuzou-case-study/

大規模な台数と接続しデバイスの管理を効率的に行う事例：バンダイ

1996年の誕生から全世界で販売され、2023年3月時点で累計9,100万個以上が販売され、世代を超えて愛される携帯型育成玩具「たまごっち」シリーズ。そのシリーズ初のWi-Fi搭載機種『Tamagotchi Uni（たまごっちユニ）』が2023年7月に発売されました。

●たまごっちユニ

『Tamagotchi Uni』は直接クラウドに繋がることで、常に新しいイベントやアイテムの配信コンテンツをダウンロードすることができるほか、世界中のたまごっちと競ったり、協力したりするイベントを世界同時に開催することが可能となりました。株式会社バンダイは『Tamagotchi Uni』をIoT化するに当たり、①セキュアな接続を保証できること、②全世界で100万台以上との『Tamagotchi Uni』との接続をサポートできること、③運用コストを最適化できること、の3つを重要な目標として設定しました。この目標を達成するために、同社はAWS IoTを活用したサーバレス構成を構築しました。

●たまごっちユニのアーキテクチャー

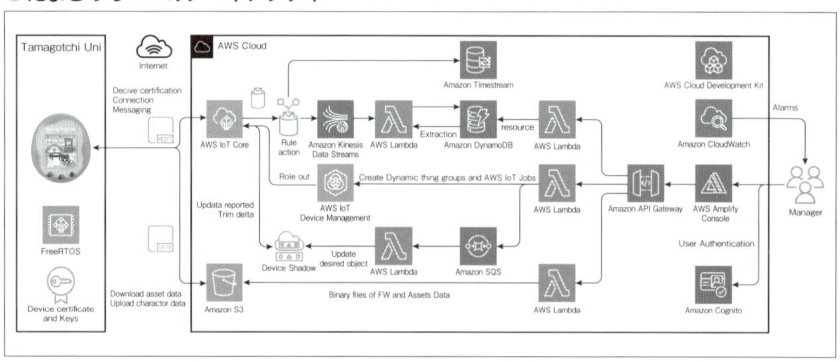

まず、『Tamagotchi Uni』本体とのセキュアな接続と大量のデバイスとの接続のスケーリングを確保するためにマネージドサービスである**AWS IoT Core**を採用。本体の認証、接続、メッセージングに使用しています。本体の供給量が増えるにつれてその管理が難しくなることが予想されましたが、**AWS IoT Device Management**を使用することでデバイスの管理を効率化しました。『Tamagotchi Uni』はリリース後も定期的な本体のファームウェア更新により、新しい遊びやコンテンツの追加を予定しており、それらのファームウェアの配信対象のグループをAWS IoT Device Managementにより管理し、**AWS IoT Jobs**によりOTA（Over The Air）アップデートを行っています。大規模な台数になる『Tamagotchi Uni』では、全台へのファームウェア配信開始から完了までに長時間を要するため、アップデート配信待ちで長時間ユーザーを待た

せることは大きなストレスに繋がる懸念がありました。そこで、更新の問い合わせを実行したお客様から順に時間差をつけてファームウェアを配信するようにジョブの動的グループに優先度付することにより負荷分散を行い、大規模なアクセスがあった場合においても安定したパフォーマンスを維持できるファームウェア配信を実現しました。AWS IoTに接続する『Tamagotchi Uni』側のソフトウェアは、**FreeRTOS**上で動作するような構成とすることで、AWSとの通信機能を本体側で実装する際に、必要なリソースやコード量の最小化することができ、効率的なシステムの開発が可能となりました。これらさまざまなAWSサービスを組み合わせることで、『Tamagotchi Uni』の開発、運用、管理における信頼性とコスト効率を高めることができました。

出典：AWS活用事例　バンダイ
https://aws.amazon.com/jp/blogs/news/aws-iot-jobs-for-bandai-tamagotchi/

産業設備で機械学習を用いた予兆検知を行う事例：カヤバ

油圧技術を核にした製品を国内外に展開するカヤバ株式会社は、自動車やオートバイのショックアブソーバー、鉄道のサスペンションシステム、建設機械用のシリンダーなどの製造／販売を行っています。製造業においては、高品質なプロダクトを生産し続けるためには設備の保全活動が不可欠です。設備の保全活動には、故障が発生したときに故障した設備の保全を行う「事後保全」、一定の稼働期間が経過した際に保全を定期的に行う「予防保全」、故障の兆候が見られたときに保全を行う「予兆保全」がありますが、カヤバ社での設備保全方法は「事後保全」や「予防保全」が中心となっており、設備の故障による生産性の低下や製品不良の発生、もしくは予防保全による過剰な保全の発生によるコスト増大が課題となっていました。同社は国内外に生産／製造拠点を持ち、工場によっては数千台もの生産設備が稼働しているため、AI/ML、IoTなどのデジタル技術を活用してこの課題を解決するために2019年3月から本格的なプロジェクトとして予兆保全システムの開発を開始、システムの構築を行いました。

● 予兆保全システムのアーキテクチャー

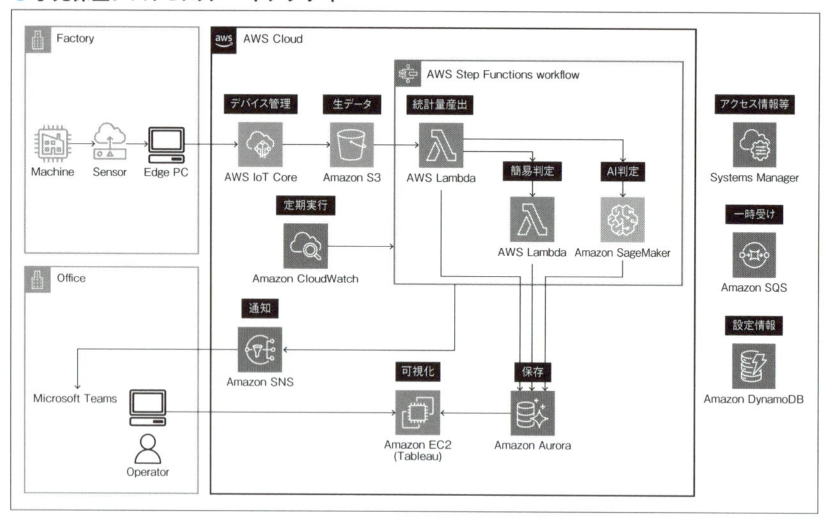

設備状態を知るためにセンサーを設置し、センサーのデータをエッジPCに定期的に取り込んで保存し、そのファイルを**AWS IoT Core**と**AWS Security Token Service**を用いてセキュアにクラウドにアップロード、最終的には**S3**に保存するようにしました。S3に保存されたデータを**AWS Lambda**や**AWS Step Functions**によって適切に処理したあと、予兆保全を実現するために**Amazon SageMaker**によって機械学習による故障予知機能の開発を行います。Amazon SageMakerと**AWS Step Functions**を活用して機械学習モデルの開発、学習・推論のワークフローを構築し、システムを継続的に運用して、条件やトレンドの変更があった場合には再学習によるモデルの更新を行うことができるようにしました。さらに、設備の状態や推論結果を見える化するためにBIツールであるTableauを使った可視化システムを開発。設備データの統計データを確認し、修理に向けた保全計画を立てることができるようになりました。これにより、定期メンテナンスの手間やコストをかけず、異常の通知があったときに対処するという、より生産性の高いやり方への移行が可能となりました。

出典：AWS活用事例　カヤバ
https://aws.amazon.com/jp/solutions/case-studies/kyb-ctc/

以上、国内の導入事例を通して、IoTをビジネスに活用する上でのユースケースとそこから生み出すことのできるビジネス価値はどのようなものかを紹介しました。次章以降では、実際のデバイスを用いてどのようにIoTのシステムを構築していけばよいのかを解説します。

第2章

デバイスとクラウドの接続

この章では、**ESP32**と呼ばれるマイクロコントローラーを用いて、どのようにデバイスからデータを取得してクラウドに送信するのかを、デバイス側の環境構築手順、クラウド側の環境構築手順と順を追って解説します。AWS側ではIoTの通信の基本となるサービスであるAWS IoT Coreのサービスを使用します。**AWS IoT Core**はAWS IoTのベースとなるサービスで、デバイスとクラウドの間の安全なメッセージングを行うためのマネージドサービスです。マネージドサービスとは、機能を実現するうえで必要なサーバーの管理やセキュリティ管理などをアウトソーシングできるサービスのことです。仮にAWS IoT Coreを使用しない場合には、ユーザーはメッセージを処理するサーバーを構築し、多くの台数のデバイスに対応するためにサーバーのスケールアウト設計を考え、災害等が生じた場合のために冗長性をもった構成を設計し、データの暗号化をどこでどう行うかということを決めていく必要があります。マネージドサービスであるAWS IoT Coreを使用する場合には、サーバーのスケーラビリティや冗長性、セキュリティ対策などはAWS側で行われ、自動的にスケーラビリティやセキュリティが担保されます。ユーザーは自社のサービスの差別化には直接繋がらないサーバーやデータベースの管理や運用といった面倒なことを自前でする必要がなくなり、自分が使用したい分だけ従量課金でサービスを使用し、自社のサービスのビジネスロジックの構築の部分に注力することができます。

2-1 ESP32デバイスのセットアップ

デバイスの選定

IoTのシステムを構築するにあたって、まずデバイスを選定する必要があります。デバイスの選定は通常の場合、どのようなセンサーを使いたいか、どの程度の頻度でデータをインターネットに送信したいか、どの程度の消費電力が許容できるのか、デバイス側でどの程度の処理が行いたいかなどの要件を考慮して決める必要があります。本書では汎用的にだれでも広く使えるという観点から、比較的安価に入手可能なESP32開発ボードを用いて解説していきます。

ESP32について

ESP32は上海に拠点を置くEspressif Systems社が提供するWi-FiとBluetoothを内蔵した、低コスト、低消費電力なマイクロコントローラーです。チップのままでは使いにくいため、ESP32のチップを搭載し、USBシリアルインターフェイスなど開発に必要な機能を追加した基板が開発ボードとして多数発売されています。「ESP32-DevKitC」がESP32の開発ボードの基本となるモデルで、純正品はEspressif Systems社から、さまざまなメーカーから同じ名前の互換品が発売されています。本書籍で使用するのはFreenove社製の**ESP32-WROVER CAMボード**と呼ばれる基板で、**ESP32-WROVER-E**と呼ばれるモジュールが搭載されておりオンボードカメラも搭載された基板です。4MBのPSRAMが利用可能で技適の認証も取得できており、アマゾンのサイトにて2000円強で入手可能です。

https://www.amazon.co.jp/dp/B09BC5CNHM

◉Freenove社製のESP32-WROVER CAMボード

このような開発ボードは、外部のセンサーなどと接続できるようにするためのピンヘッダが搭載されており、ブレッドボード（写真）と呼ばれる、各種部品やジャンパー線をボードの穴に差し込むだけではんだ付け不要で回路を作ることができます。ブレッドボードを使用するか、直接ピンヘッダーに接続することで外付けセンサーデバイスと接続し、データを取得できます。

◉ブレッドボード

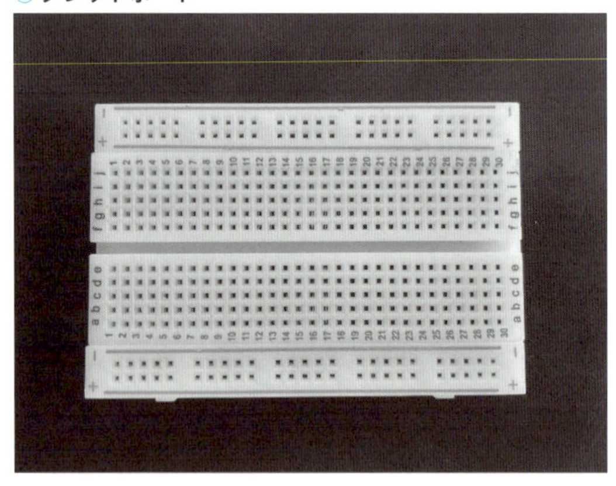

筆者が購入した開発基板のピンの配置は以下の図のように定義されており、特定のピンに対してセンサー等を接続することで、ESP32上のプログラムか

らセンサーデータを取得できるようになります。

●基板のピン配置

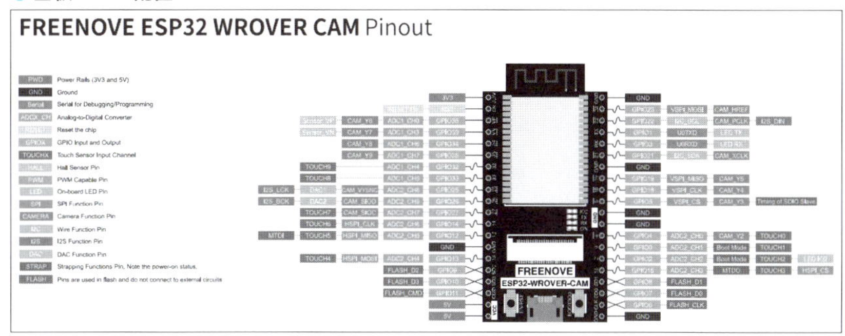

ESP32の開発環境について

ESP32のデバイス上で動作するプログラムを開発する開発環境にはいくつかの選択肢があります。

》Arduino IDE（https://www.arduino.cc/en/software）

マイコンボード用の開発環境で、シンプルな構成でプログラムを開発することができます。ArduinoではC言語をベースとしたプログラム開発が可能で、Sketchと呼ばれる単位でプログラムを記述します。Sketchの中にはsetup()とloop()の2つのブロックを作成する必要があり、setup()に書かれた処理は起動直後に1度だけ実行され、loop()に書かれた処理は電源が切られるかリセットされるまで繰り返し実行される形となります。

》Micropython環境（http://micropython.org/）

Pythonの文法を使ってマイコンや組み込み機器のプログラミングを行うことのできる環境です。Python3標準ライブラリの小さなサブセットを組み込みプログラミングに組み込みながら、マイクロコントローラー向けに最適化されています。コードの実行はそれほど高速ではなくCやC++に比べてメモリの消費量が多くなりますが、Pythonの既存のプログラムを利用できるという利点があります。

» ESP-IDF開発環境（https://idf.espressif.com/）

Espressif社が提供するオフィシャルな開発環境です。オフィシャルな開発環境のため、ESP32のすべての機能を使用することができます。C言語を使用し、コンパイルして実機に焼き込んで動作確認を行うことのできる環境となります。

本書ではESP-IDFの開発環境を使用してプログラムを開発します。

2-2 ESP-IDF開発環境のインストールとサンプルプログラムのビルド

ESP-IDF開発環境を用いた開発の流れ

ESP-IDFを用いた開発の大まかな流れを説明します。

» ESP-IDF開発環境のインストール

ESP-IDF開発環境はWindows向け、Mac向け、Linux向けのものが用意されているので自身の環境にあった開発環境をインストールします。

» 開発環境のセットアップ

開発に必要なコマンドが実行できるようにPATHなどの環境変数の設定を含めた開発環境のセットアップを行います。

» 必要なライブラリの追加

ESP-IDFにはサードパーティのドライバやライブラリがあり、必要に応じてこれらのライブラリを開発環境に追加します。インストールしたESP-IDFの開発環境のフォルダには“components”というフォルダがあり、その下に各種のライブラリが格納されているので、使用するセンサーなど必要に応じてライブラリをこのフォルダ以下に追加します。

» プロジェクトの作成

自身のプロジェクトを作成します。プロジェクト作成時には“idf.py set-target esp32”のようにターゲットデバイスの設定を行います。

» 設定とビルド

idf.py menuconfigを行うことでGUIにてデバイスの各種設定を行います。以前にビルドを行ったなど、中間生成物が残っているような場合には、idf.py fullcleanを行って初期のプロジェクト環境に戻します。その後、idf.py buildコマンドによりプログラムのビルドを行います。

» デバイスと接続しプログラムを焼き込み

シリアルポートを経由してデバイスと接続し、デバイスにプログラムを焼き込みます。

» プログラムの実行

焼き込んだプログラムを実行します。実行したプログラムはコンソール上にてモニタリングすることが可能です。モニタリングを停止したい場合はCtrl+]でモニタを終了できます。

ESP-IDF開発環境のインストール

それでは、実際にESP-IDFを用いた開発をはじめましょう。まず、ESP-IDFの開発環境をインストールします。ESP-IDFにはいくつかバージョンが存在します。今回はESP32からAWSへ接続するためのSDKであるESP-AWS-IoT（https://github.com/espressif/esp-aws-iot）も合わせて使用します。ESP-AWS-IoTで動作確認の取れているESP-IDFのバージョンがv4.3、v4.4、v5.0

となっているため、今回はv4.4のバージョンのESP-IDFをインストールします。インストール手順についてはEspressif社のESP-IDFのサイト（https://docs.espressif.com/projects/esp-idf/en/release-v4.4/esp32/index.html）にしたがって行います。Windows環境、macOS環境、Linux環境それぞれの手順が用意されているので、自身の環境にあったものを選択し、手順にしたがってインストールを行ってください。Linux/macOSの場合には ~/esp以下に、Windowsの場合には、C:\Espressif\frameworks以下に開発環境がインストールされることを想定しています。上記のサイトにはインストール後に環境変数を設定するなど、開発環境のセットアップ方法も記載されているので、手順にしたがって設定してください。

また、本書ではターミナル環境を使って作業を行ってきますが、LinuxやmacOS環境で用意されているコマンドを使用してきます。Windows環境をご使用の場合、コマンド体系が異なるので、BusyBox for Windows（http://frippery.org/busybox/）をダウンロード、インストールしてから作業を行うことを推奨します。上記のBusyBoxのサイトからbusybox.exeまたはbusybox64.exeをダウンロードし、以下のようにインストールを行ってください。

```
ダウンロードしたbusybox64.exeをC:\tools\busybox\busybox64.exeに配置
cd tools/busybox
mkdir bin
busybox64.exe -install ./bin
```

Windows上で、システムの詳細設定→詳細設定→環境変数→ユーザ環境変数→Pathに展開したディレクトリ（ここでの例ではC:\tools\busybox\bin）を追加してください。その後、新しいコマンドプロンプトを開いてbusyboxのコマンドが使用できることを確認してください。

```
which ls
C:/tools/busybox/bin/ls.exe
```

サンプルプログラムのビルドと実行

● ESP-IDFのツールチェーン

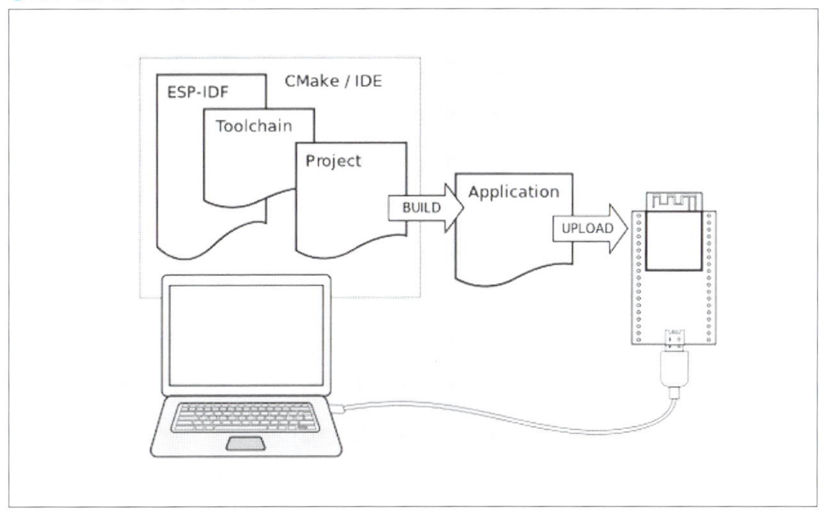

https://docs.espressif.com/projects/esp-idf/en/stable/esp32/get-started/index.html

図に示すようにESP-IDFのツールチェーンを用いて、プロジェクトを作成し、それをCMakeとNinjaを用いてビルドし、作成されたバイナリプログラムをESP32のデバイスに焼き込んで実行します。ダウンロードしたESP-IDFの中にいくつかサンプルプログラムが含まれています。まずは、サンプルプログラムのhello_worldを実行します。以下のようにhello_worldのプロジェクトのフォルダに移動し、サンプルプログラムのビルドを行います。以下のフォルダのパスはWindows/macOS等、インストールを行ったホストマシンの環境によって異なりますので適宜、自身の環境のフォルダパスに置き換えて実行してください。

```
cd ~/esp/esp-idf/examples/get-started/hello_world
idf.py set-target esp32  ◀プロジェクト作成後はじめの1回だけ実施
idf.py menuconfig
```

●menuconfigを実行した画面

```
(Top)
                Espressif IoT Development Framework Configuration
    SDK tool configuration  --->
    Build type  --->
    Application manager  --->
    Bootloader config  --->
    Security features  --->
    Serial flasher config  --->
    Partition Table  --->
    Compiler options  --->
    Component config  --->
    Compatibility options  --->

[Space/Enter] Toggle/enter  [ESC] Leave menu           [S] Save
[O] Load                    [?] Symbol info            [/] Jump to symbol
[F] Toggle show-help mode   [C] Toggle show-name mode  [A] Toggle show-all mode
[Q] Quit (prompts for save) [D] Save minimal config (advanced)
```

図のような画面がターミナル上に立ち上がり、各種設定が行えるようになります。ここで行われた設定値はカレントディレクトリのsdkconfigというファイルに書き込まれ、プログラム上から参照できます。ここでは特に設定を行わずに「Q」を入力して設定画面を抜けます。

次に、ビルドを行い、デバイスに焼き込みます。デバイスに焼き込む際には-pでシリアルポートのデバイスを指定する必要があります。Windows環境の場合、WindowsのデバイスマネージャーからUSBシリアルがどのCOMポートにアサインされたのかを確認できます。デバイスマネージャーからCOMポートを確認し、USBシリアルにアサインされたCOMポートを指定するようにしてください。

◉ Windowsのデバイスマネージャー

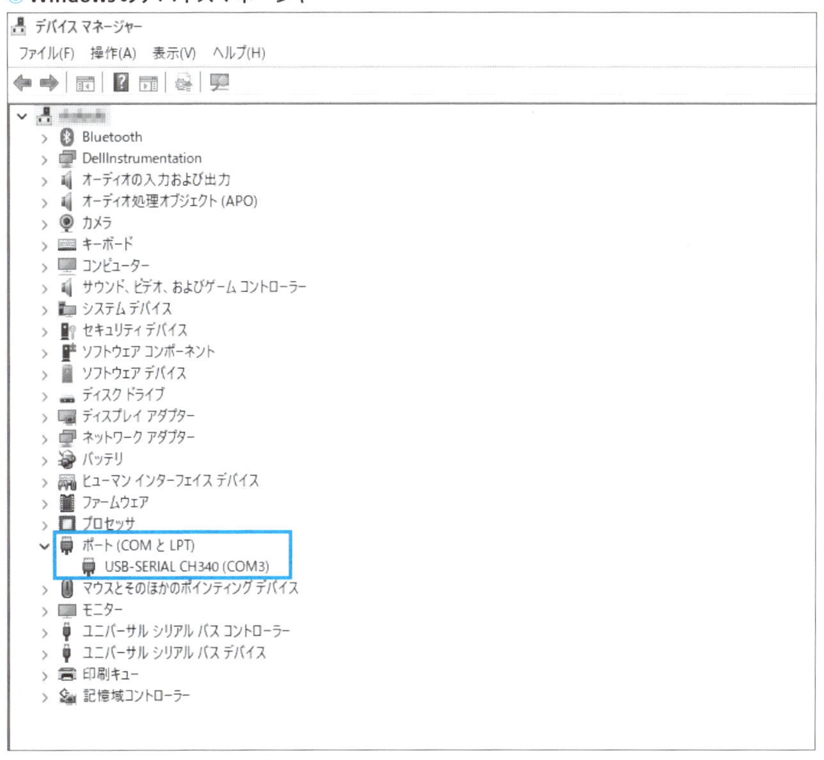

Linux/macOS環境の場合には、デバイスをUSBに接続する前の状態と、接続した後の状態で以下のコマンドを2回実行して、デバイスを接続することで表示されるポートを確認してください。環境に依存しますが、Linuxでは /dev/ttyUSB0のようなポートが、macOSでは/dev/cu.usbserial-14240のようなポートが表示されるはずです。

▼ Linux

```
ls /dev/tty*
```

▼ macOS

```
ls /dev/cu.*
```

「**build**」はビルドを行うコマンド、「**flash**」は焼き込みを行うコマンド、「**monitor**」はコンソールをモニタリングするコマンドとなります。これらのコマンドは1つずつ実行することもできますし、複数合わせて実行することも可能です。

```
idf.py build
idf.py -p [PORT] flash monitor
```

[PORT]には上記で取得したポート番号を入力

サンプルプログラムがうまく実行されると、コンソール上で「Hello World」と出力して10秒後に再起動をする、ということを繰り返します。確認後、Ctrl+]にてmonitorから抜けることができます。

```
Serial port /dev/cu.usbserial-14240
Connecting......
Chip is ESP32-D0WD-V3 (revision v3.0)
Features: WiFi, BT, Dual Core, 240MHz, VRef calibration in efuse, ↙
Coding Scheme None
Crystal is 40MHz
MAC: 8c:4b:14:39:e3:f8
Uploading stub...
Running stub...
Stub running...
Changing baud rate to 460800
Changed.
Configuring flash size...
Flash will be erased from 0x00001000 to 0x00007fff...
Flash will be erased from 0x00010000 to 0x0003afff...
Flash will be erased from 0x00008000 to 0x00008fff...
Compressed 25584 bytes to 16084...
Writing at 0x00001000... (100 %)
Wrote 25584 bytes (16084 compressed) at 0x00001000 in 0.7 seconds ↙
(effective 273.3 kbit/s)...
Hash of data verified.
Compressed 174720 bytes to 92190...
Writing at 0x00010000... (16 %)
```

```
Writing at 0x0001b657... (33 %)
Writing at 0x00020e8e... (50 %)
Writing at 0x000265e0... (66 %)
Writing at 0x0002eb68... (83 %)
Writing at 0x00036dfd... (100 %)
Wrote 174720 bytes (92190 compressed) at 0x00010000 in 2.7 seconds ↙
(effective 518.8 kbit/s)...
Hash of data verified.
Compressed 3072 bytes to 103...
Writing at 0x00008000... (100 %)
Wrote 3072 bytes (103 compressed) at 0x00008000 in 0.1 seconds ↙
(effective 490.2 kbit/s)...
Hash of data verified.

Leaving...
Hard resetting via RTS pin...
Executing action: monitor
Running idf_monitor in directory /Users/tsugunao/Work/esp32/v44/esp-idf/↙
examples/get-started/hello_world
Executing

中略

I (281) heap_init: At 4008B4F8 len 00014B08 (82 KiB): IRAM
I (289) spi_flash: detected chip: generic
I (292) spi_flash: flash io: dio
W (296) spi_flash: Detected size(4096k) larger than the size in the ↙
binary image header(2048k). Using the size in the binary image header.
I (310) cpu_start: Starting scheduler on PRO CPU.
I (0) cpu_start: Starting scheduler on APP CPU.
Hello world!
This is esp32 chip with 2 CPU core(s), WiFi/BT/BLE, silicon revision ↙
v3.0, 2MB external flash
Minimum free heap size: 300936 bytes
Restarting in 10 seconds...
Restarting in 9 seconds...
Restarting in 8 seconds...
```

```
Restarting in 7 seconds...
Restarting in 6 seconds...
Restarting in 5 seconds...
Restarting in 4 seconds...
Restarting in 3 seconds...
Restarting in 2 seconds...
Restarting in 1 seconds...
Restarting in 0 seconds...
Restarting now.
ets Jul 29 2019 12:21:46
```

次に、ハードウェアを制御できることを確かめるためにLEDを点滅するサンプルプログラムを実施してみます。

```
cd ~/esp/esp-idf/examples/get-started/blink
idf.py menuconfig
```

設定の画面が立ち上がるので、Example Configurationの項目を選択し、LEDの点滅に使用するGPIOの番号と点滅の時間間隔を設定します。先ほどの開発基盤のピン配置の情報から、基板上のLEDはGPIO1, GPIO2, GPIO3に接続されていることがわかります。今回はLED_IO2として定義されているGPIO2を使用するので、GPIO番号を2と設定し、点滅間隔は1秒に設定します。

● menuconfigによるGPIOの設定

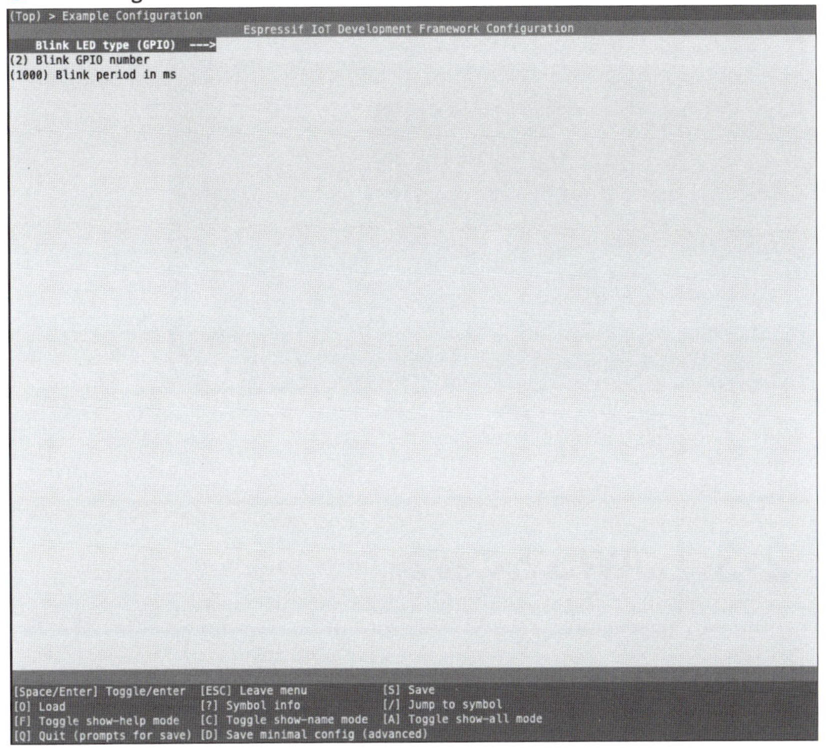

先ほどのサンプルプログラムと同様に以下のようにビルドして実行すると写真のようにLEDが点滅することが確認できます。

```
idf.py -p [PORT] build flash monitor
```

◉LEDが点滅している様子

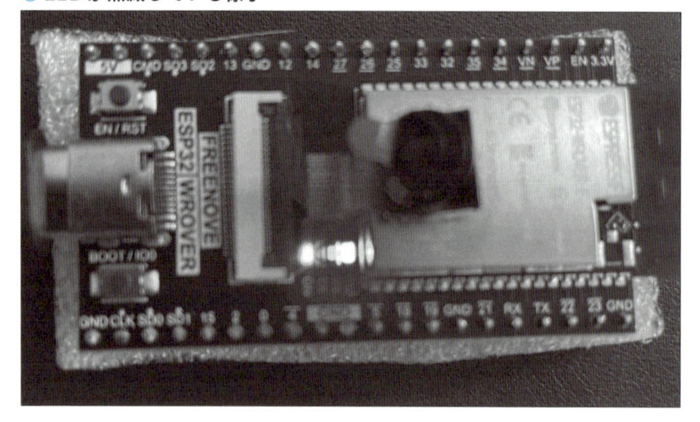

2-3 AWSとの接続

サンプルプログラムによるAWSとの接続

ESP-IDFの開発環境が整ったので、次に**AWS IoT Core**と接続します。Espressif社から、ESP32のデバイスからAWSに接続するためのSDKが**esp-aws-iot**（https://github.com/espressif/esp-aws-iot/）としてリリースされています。このSDKには**AWS IoT Sevice SDK for Embedded C**向けにリリースされたAWSのIoTの機能を使用するための各種ライブラリが含まれており、MQTT通信や、AWS IoT Jobsの実行、OTA（Over The Air）Updateの実行などを行うことができるようになっています。

●esp-aws-iotのスタックの構成

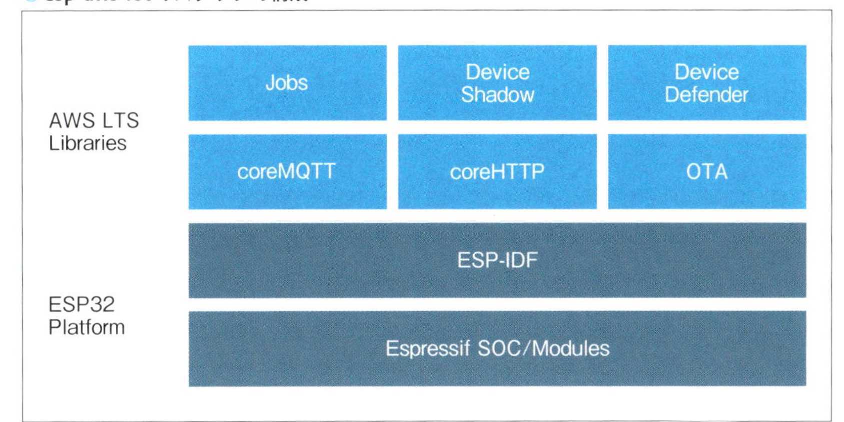

Column

MQTT（Message Queuing Telemetry Transport）とは？

MQTTは、リソースに制約のあるデバイスや低帯域幅または高遅延なネットワーク、信頼性の低いネットワーク向けに設計されたシンプルで軽量なメッセージングプロトコルです。IoTアプリケーションで広く使用されておりAWS IoT CoreにおいてもMQTTを使用して通信を行うことができます。MQTTでは、メッセージの送信者を**パブリッシャー**、メッセージの受信者を**サブスクライバー**とよび、Topicと呼ばれるキーを用いてメッセージングを行います。Topicは「/」で区切られた階層構造になっており、サブスクライバーはあらかじめTopicを指定してサブスクライブしておきます。ちょうど雑誌の購読を申し込んでおくようなイメージです。パブリッシャーがTopicを指定してメッセージを送信すると、そのTopicをサブスクライブしていたクライアントにはメッセージが配信されるような仕組みになっており、スケーラブルな形で非同期に1対nの双方向通信を実現しています。Topicが階層構造になっているので、「#」や「+」などのワイルドカードを使ってある階層以下のTopicをすべてサブスクライブしておくという使い方もできます。AWS IoTではバージョン3.1.1およびバージョン5を使用することが可能です。

このSDKを使用してAWSに接続します。先ほど作成したespのフォルダに戻り、esp-aws-iotをダウンロードします。esp-aws-iotの中にはMQTT (Message Queuing Telemetry Transport) を使用してAWSに接続するためのサンプルプログラムが含まれているのでこのサンプルを用いてAWSに接続します。

```
cd ~/esp ◀ Windowsの場合には cd C:\Espressif\frameworksと読み替えてください
git clone -b "release/202210.01-LTS" --recursive https://github.com/↵
espressif/esp-aws-iot
cd esp-aws-iot/examples/mqtt/tls_mutual_auth
idf.py build
```

このサンプルプログラム (tls_mutual_auth) は、デバイスからクラウド側にデータを送信するサンプルプログラムで、「Hello World」という文字列をデータのサンプルとしてMQTTのプロトコルで定期的にAWSに送信します。AWS IoT Coreにて提供されるデバイス証明書の認証情報を利用して、TLSによる暗号化通信を行うことでセキュアな通信を実現しています。2～5章ではこのサンプルプログラムのデータ送信部分を変更して、センサーデータや画像データを送信するよう改変して利用します。

Column

AWS IoTにおける認証とは？

IoTにおいてはデバイスからインターネットへの接続が行われます。通常のインターネット接続では、ユーザーがユーザー名とパスワードを入力してそのユーザーが正しいユーザーであることを確認（認証）した後、そのユーザーがアクセスできる権限のあるリソースのみにアクセスするような設定（認可）が行われています。IoTの場合には、デバイスが外に設置されているような場合も多く、デバイス経由の接続で必ずしもユーザーが介在しないため、通信時にユーザー名とパスワードで認証するということはできません。そのため、あらかじめそのデバイスが正しいデバイスであるということを証明する「**クライアント証明書**」を発行し、それをデバイスのセキュア領域に保存しておきます。デバイスはクライアント証明書をもとに、**TLS（Transport Layer Security）**によるセキュアな暗号化通信を行います。これによって、ユーザーを介さない通信を行うIoTにおいてもセキュア通信を実現しています。

デバイスがアクセスできるリソースは「**ポリシー**」と呼ばれる文書でデバイスごとに定義します。通常は、悪意のあるユーザーから攻撃された場合でも被害を最小限にするために、ポリシーで与える権限も最小に定義します。また、悪意のあるユーザーに秘密鍵を奪われてしまった場合でも、認証情報を無効化することで被害を最小限にできます。

AWS IoTには鍵の発行方法に応じていくつかの認証方式が用意されていますが、詳細は割愛します。本書では基本となる認証方式であるAWS IoTによる秘密鍵・証明書の発行方法を用いて進めていきます。

AWS側の設定

デバイスと通信を行うため、AWS側の設定を行います。AWS IoTでは、デバイスを「モノ」とよばれる論理エンティティとして管理します。クラウド側から送信先のデバイスを指定する際には「モノ」によって指定します。また、デバイスに与える権限についても、AWS IoT Core上で「モノ」に必要な権限を付与することで管理します。

そのため、AWS側でおこなうべき設定としては、「モノ」を作成し、デバイスの身分証明書としての役割をもつデバイス証明書（＝クライアント証明書）を発行して、それをモノにアタッチし、デバイス証明書に対して必要な権限を管理するための「ポリシー」とよばれるドキュメントをアタッチする、ということになります。

» ポリシーの作成

AWSマネジメントコンソールからAWS IoT Coreのページを選択し、以下の操作を行います。

1 ポリシーの作成

- 左のサイドメニューから“セキュリティ”>“ポリシー”をクリック
- “ポリシーの作成”をクリック

◉ポリシーの作成

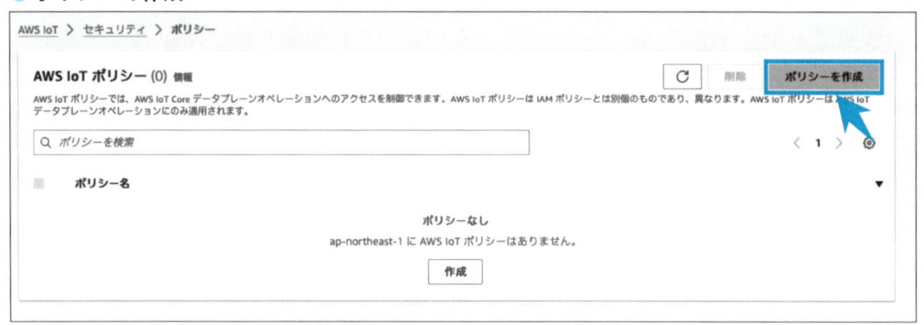

2 ポリシーのプロパティ設定

- ポリシー名に適当なポリシー名を付与（ここではesp32-policyとしました）

3 ポリシーステートメントの設定

- ポリシー効果で“許可”を選択
- ポリシーアクションにすべてのAWS IoTアクション > * を選択
- ポリシーリソースに * を入力
- “作成”ボタンをクリック

ここでは説明を簡単にするためすべてのリソースにアクセスすることのできる権限の広いポリシーを作成しましたが、実際の場合にはそのデバイスがアクセスすることのできる最小権限を与えるようにポリシーの設定を行ってください。

ポリシーステートメントの設定

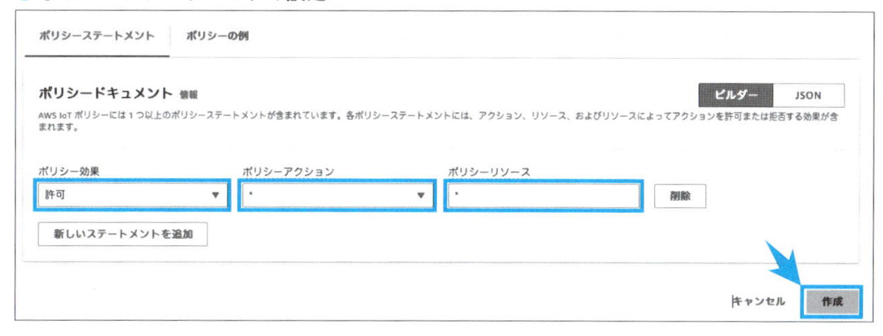

» モノの作成

1 モノの作成

- 左のサイドメニューより、“すべてのデバイス”＞“モノ”をクリックし、“モノの作成”をクリック

モノの作成

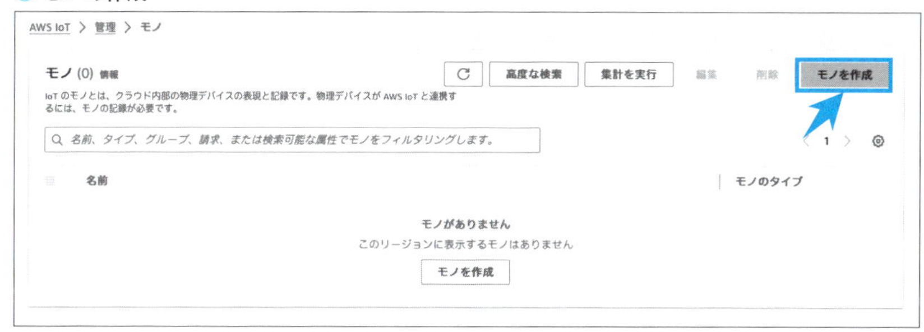

- “1つのモノを作成”を選択し、“次へ”をクリック

◉モノを作成

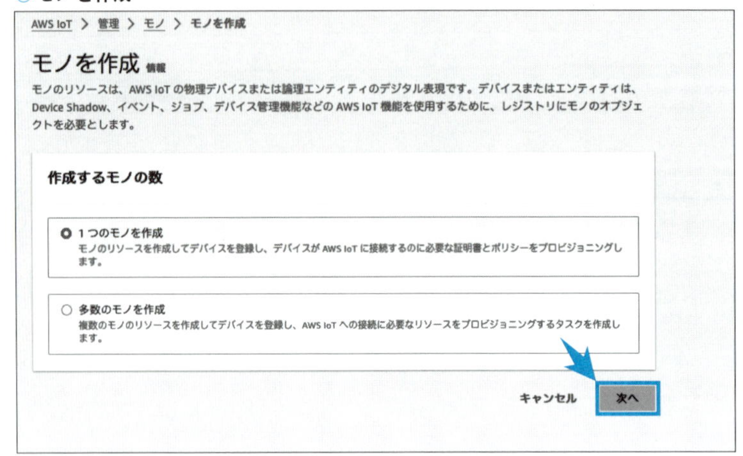

2 モノのプロパティを指定

- モノの名前に“esp32-thing”と入力
- “名前のないシャドウ（クラシック）”を選択
- “次へ”をクリック

◉モノのプロパティを指定

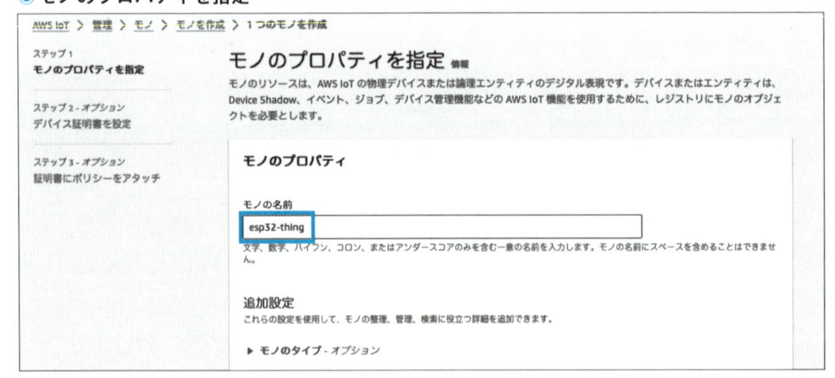

3 デバイス証明書の設定

- すでに選択されている“新しい証明書を自動生成（推奨）”を選択
- “次へ”をクリック

●デバイス証明書の設定

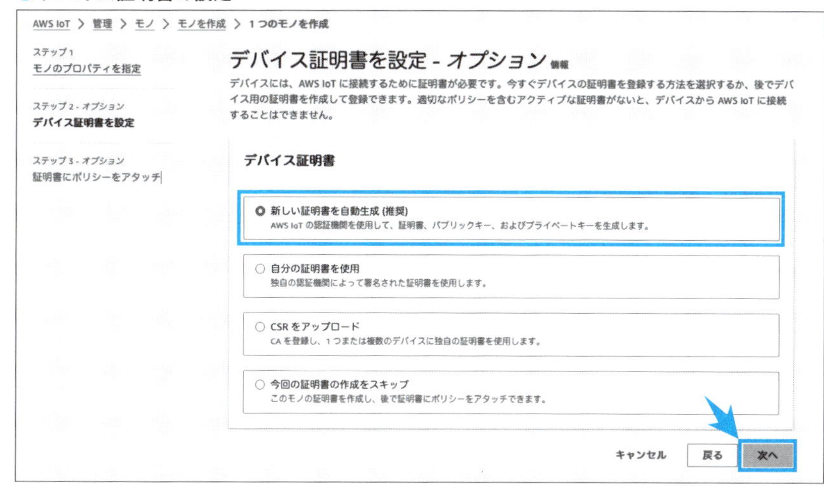

4 証明書にポリシーをアタッチ

- 先ほど作成したポリシーを選択
- “モノを作成”をクリック

●証明書にポリシーをアタッチ

5 証明書とキーをダウンロード

ポップアップが表示されるので、以下を行います。

- デバイス証明書をダウンロード
- パブリックキーファイルをダウンロード
- プライベートキーファイルをダウンロード
- “完了” をクリック

◉証明書とキーをダウンロード

これでAWS IoT Core上にモノが作成されました。左のサイドメニューの“接続”＞“ドメイン設定”からAWS IoTのエンドポイントの値をメモしておきましょう。

● デバイスデータエンドポイント

esp-aws-iot/examples/mqttの設定

ダウンロードした**Private Key**（xxx-private.pem.key）と**Certificate file**（xxx-certificate.pem.crt）はサンプルプログラムに保存する必要があります。esp-aws-iot/examples/mqtt/tls_mutual_auth/main/certs以下に、“client.key”, “client.crt”というファイル名で保存します。

```
cp xxx-certificate.pem.crt esp-aws-iot/examples/mqtt/tls_mutual_auth/↩
main/certs/client.crt
cp xxx-private.pem.key esp-aws-iot/examples/mqtt/tls_mutual_auth/main/↩
certs/client.key
```

また、認証局として**AmazonRoot CA**を取得して、esp-aws-iot/examples/mqtt/tls_mutual_auth/main/certs/root_cert_auth.crtとして保存します。

```
wget https://www.amazontrust.com/repository/AmazonRootCA1.pem -O certs/↩
root_cert_auth.crt
```

あとは、idf.py menuconfigを行い、アプリケーションにMQTTの設定を反映します。

●menuconfigでのMQTT設定

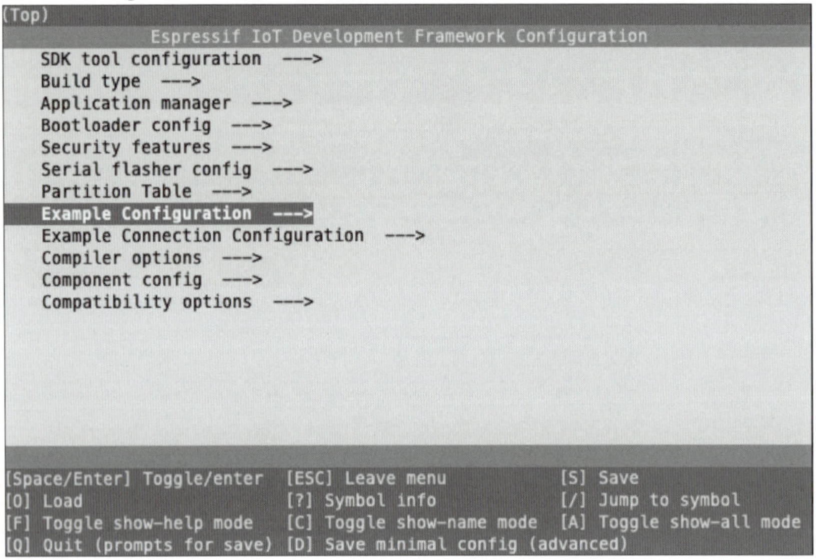

```
(Top)
                    Espressif IoT Development Framework Configuration
    SDK tool configuration  --->
    Build type  --->
    Application manager  --->
    Bootloader config  --->
    Security features  --->
    Serial flasher config  --->
    Partition Table  --->
    Example Configuration  --->
    Example Connection Configuration  --->
    Compiler options  --->
    Component config  --->
    Compatibility options  --->

[Space/Enter] Toggle/enter  [ESC] Leave menu           [S] Save
[O] Load                    [?] Symbol info            [/] Jump to symbol
[F] Toggle show-help mode   [C] Toggle show-name mode  [A] Toggle show-all mode
[Q] Quit (prompts for save) [D] Save minimal config (advanced)
```

“Example Configuration”の中で、MQTTのClient IDをユニークになるように設定（ここでは作成したThing名と同じ“esp32-thing”と設定しました）し、先ほどメモしておいたMQTTのEndpointを設定します。また、“Example Connection Configuration”から自身で管理しているWifiの“SSID”と“Password”を設定します。設定をした後、デバイスをUSB-Cに接続して、実行します。

```
idf.py -p [PORT] build flash monitor
```

焼きこまれたあと実行され、以下のようなログが表示されます。

```
I (12035) coreMQTT: Delay before continuing to next iteration.
```

```
I (13035) coreMQTT: Sending Publish to the MQTT topic esp32-thing/↙
example/topic.
I (13035) coreMQTT: PUBLISH sent for topic esp32-thing/example/topic to ↙
broker with packet ID 3.


I (13075) coreMQTT: Ack packet deserialized with result: MQTTSuccess.
I (13075) coreMQTT: State record updated. New state=MQTTPublishDone.
I (13075) coreMQTT: PUBACK received for packet id 3.


I (13085) coreMQTT: Cleaned up outgoing publish packet with packet id 3.


I (13095) coreMQTT: De-serialized incoming PUBLISH packet: ↙
DeserializerResult=MQTTSuccess.
I (13095) coreMQTT: State record updated. New state=MQTTPubAckSend.
I (13105) coreMQTT: Incoming QOS : 1.
I (13105) coreMQTT: Incoming Publish Topic Name: esp32-thing01/example/↙
topic matches subscribed topic.
Incoming Publish message Packet Id is 1.
Incoming Publish Message : Hello World!.


I (18135) coreMQTT: Delay before continuing to next iteration.
```

AWSのコンソール画面に戻り、AWS IoT Coreのコンソール上、左側のサイドメニューの“テスト>MQTTテストクライアント”から、先ほどのログの中で表示されているTopic名（thing名/example/topic）を入力すると、定期的に「Hello World！」という文字列が受信されていることが確認できます。

◉テストクライアントでHello Worldの文字列が受信できている様子

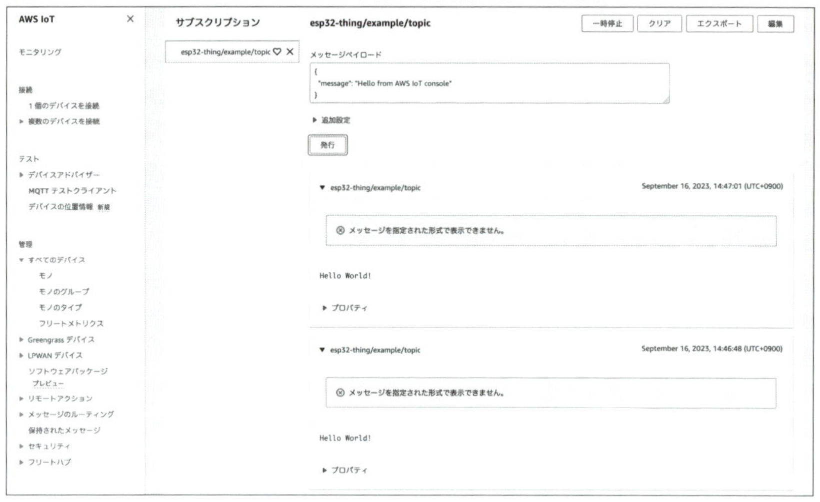

以上で、デバイス側で「Hello World」という文字列を作成し、それをMQTT Topic: esp32-thing/example/topicにパブリッシュし、それをAWSコンソール上のMQTTテストクライアントで受信する動作が確認できました。AWS IoT Coreで送信するデータは128KB以下であれば、温度データなどセンサーデータをJSONの形で送ることもできます。128KB以下のサイズであれば同じ方法で画像データを送ることも可能です。サンプルのプログラムは「Hello World」の文字列をパブリッシュし続ける設定になっているので、終了したい場合にはデバイスの電源を落として終了してください。

第3章

クラウドからのデバイスの制御

前章では、デバイスとクラウドを接続し、デバイス側からデータを送信できるようになるところまでを行いました。本章では、クラウド側からデバイスの制御を行うにはどのようにすればよいか解説します。Webアプリケーション等からデバイスの制御を行う場合は、APIを構築することが一般的です。今回は、**Amazon API Gateway**というAPIを作成・公開するためのサービスと、**AWS Lambda**というサーバーレスでプログラムによる処理を実行することのできるサービスを利用してシステムを構築する方法を紹介します。**Amazon API Gateway**と**AWS Lambda**を使用せずにAPIを作成する場合は、物理的なサーバーもしくは仮想的なサーバーを用意し、その上にWebサーバーやAPIを提供するサーバーを構築する必要があります。そのため、トラフィックが増加した場合に自動的にサーバーがスケールアウトできるようにするオートスケール設計や、サーバーにセキュリティパッチを充てるなどの運用上のメンテナンスが必要になります。一方で、今回のようにAmazon API GatewayとAWS Lambdaを使用したサーバーレス構成で構築する場合には、サーバーの運用やメンテナンスは不要になります。

3-1 クラウドからのデバイスのコントロール方法

遠隔からデバイスの電源をOn／Offしたり、設定値を変更したりするなど、クラウド側からデバイスの制御を行うことはIoTに必要とされる機能の1つです。AWS IoTでは

- **MQTT Topic**によるデバイスの制御
- **AWS IoT Device Shadow**によるデバイスの制御
- **AWS IoT Jobs**によるデバイスの制御

の3つの方法によるデバイスの制御が可能です。ここでは、それぞれの制御方法について解説した後、実際にWebアプリケーションからESP32のLEDのOn/Offを制御します。

MQTT Topicによる制御

◉MQTT Topicによる制御を行うための構成

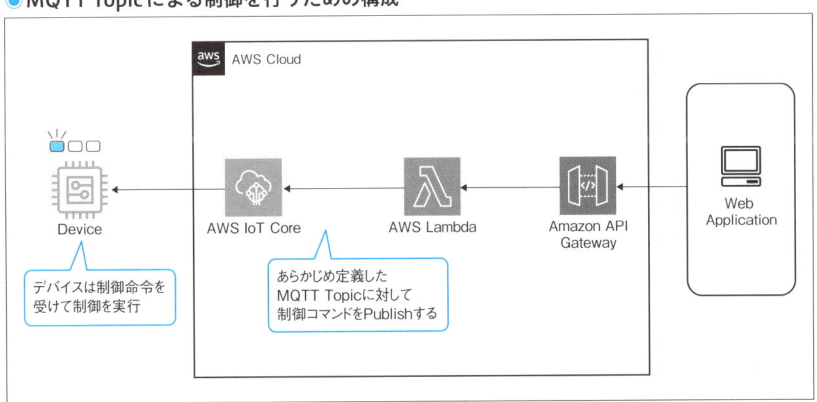

2章のコラムにて説明しましたように、MQTTでは**Topic**と呼ばれるキーを

指定してメッセージングを行い、このTopicを通じて制御のためのコマンドデータをサブスクライブ/パブリッシュすることでクラウド側からデバイスの制御を行うことができます。MQTT Topicによる制御を行う場合には、前の図のような構成になります。ユーザーは、WebアプリケーションからAmazon API Gateway、AWS Lambdaを経由して制御のためのコマンドを送信します。AWS Lambdaから事前に定義したMQTT Topicにパブリッシュすることで、AWS IoT CoreのMQTTブローカーを経由してデバイスに制御コマンドを送ります。デバイス側では、該当するTopicをサブスクライブしておくことで、コマンドを受信し、そのコマンドに応じた動作を行います。

システムを構成するにあたって、まず「どのようなデバイスがシステム上に存在するか」、「どのような制御が必要なのか」を整理し、必要な制御を行うためのMQTT Topicを定義します。「データと制御コマンドのTopicは別のTopicとすること」、「デバイスのグループを定義する場合には、抽象度の高いものから低いものへと定義すること」がMQTT Topic定義のベストプラクティスです。

今回は例として以下のような場合を考えます。

- デバイスは目黒と品川のビルに配置する
- デバイスの電源のOn/Off・LEDのOn/Offを制御する
- デバイスからクラウドに温度データを送信する

このようなユースケースの場合、以下のようなMQTT Topicの構成が考えられます。

▼ MQTT Topic

```
MQTT Topic: [データ種別] /[ビルID]/ [フロアID] / [デバイス種別] /
 [デバイスID]
データ種別: data もしくはcmd
ビルID: meguro, shinagawa
フロアID: 1F,2F,..
デバイス種別: esp32, raspberry-pi, etc
デバイスID: デバイスのシリアル番号
```

Topicは左から右に向かって抽象度が低くなるように（たとえば、ビル→フロア→デバイスのように）定義し、コマンドとデータのTopicを分離します。上記のMQTT Topic構成の場合、「目黒の4Fにあるデバイス」は“cmd/meguro/4f/#”をサブスクライブしておくことで制御が可能になります。「#」（ワイルドカード）は「目黒のビルの4Fにあるすべてのデバイス」のようにグループ単位で制御する場合に用います。

● **MQTT Topicを使った通信**

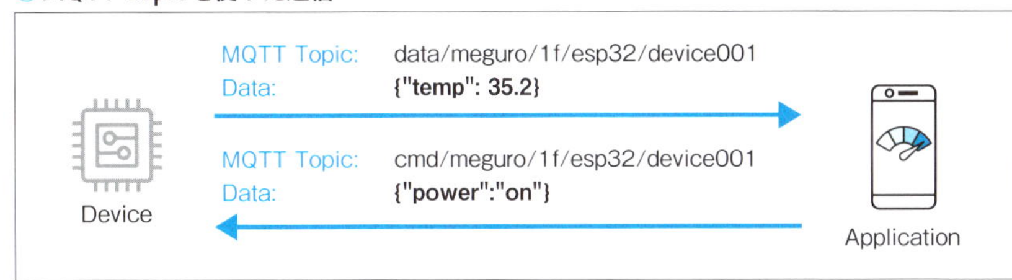

このMQTT Topicの例で通信を行うと図のようになります。デバイスからクラウドに対しては“data/meguro/1f/esp32/device001”に{"temp": 35.2}というデータを送信し、デバイスの現在の温度データを報告します。アプリケーション側からデバイスに対する制御は、“cmd/meguro/1f/esp32/device001”に{"power":"on"}というコマンドを送信することで、デバイスを特定して電源をOnにすることができます。

AWS IoT Device Shadowによる制御

デバイスとの通信を無線通信で行っていると、通信状況によってはデバイスがオフラインになってしまうこともあります。**AWS IoT Device Shadow**はデバイスがオフラインになってしまったときでもクラウド側でデバイスの状態を管理できるようにしたいという要望を実現したものです。デバイスの仮想表現をクラウド上に保持しておいて、オフラインの場合には仮想表現を参照、デバイスがオンラインに復帰したときには自動的に状態を同期するという仕組みです。このAWS IoT Device Shadowを用いてデバイスの制御を行うことができます。

◉AWS IoT Device Shadowを用いたデバイス制御

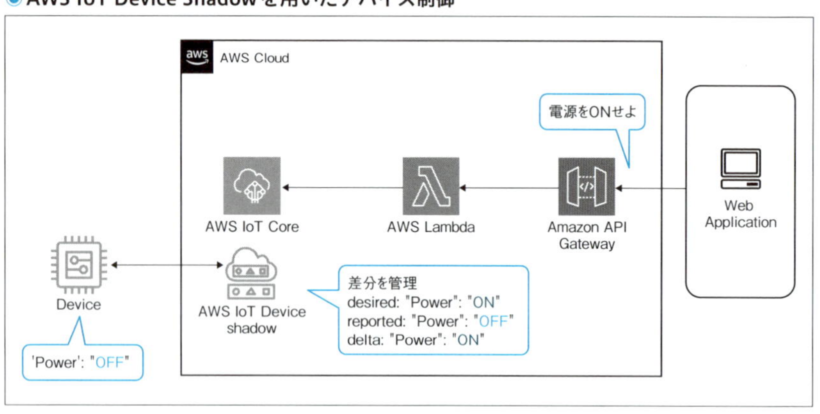

図は、例としてデバイスの電源がOffの状態からOnにしたい場合を示しています。この場合は、現在のデバイスの状態として"Power":"Off"がDevice Shadowにレポートされており、Device Shadowでは現在のデバイスの電源がOffであるとデータストアに保存しています。アプリケーションからの「電源をOnにしろ」という命令がAmazon API GatewayとAWS Lambdaを経由してDevice Shadowに通知され、Device Shadowが望まれる状態を"Power":"On"に更新します。そうすると望まれる状態と現在の状態に差分が生じている状態となるので、Device Shadowは差分をdeltaとしてデバイスに通知します。そして、デバイス側は差分をなくすようにアップデートを行います。この場合だと電源をOnするような制御を行い、Device Shadowの状態を最新のステータスで、"Power":"On"にアップデートします。このようにデバイスの状態をDevice Shadowと同期させることでデバイスの制御を行います。

Device Shadowは状態の同期を行う制御方法なので、コマンド実施後にデバイスでの状態が継続されるような制御で有効です。電源の制御やサーキュレータの風量の制御など、デバイスの状態がある程度の一定期間維持されるようなケースがこれに相当します。一方で、コマンドの実施後にその状態が維持されないものには不向きです。たとえばデバイスにリクエストを出してそのレスポンスを受け取りたい、というような場合にはDevice Shadowによる制御ではなくMQTT Topicによる制御を行ったほうが良いでしょう。

AWS IoT Jobsによる制御

3つ目のデバイスの制御方法は**AWS IoT Jobs**を使う方法です。AWS IoT Jobsはデバイスで実行する一連のタスクを定義して管理できるようにした仕組みです。

AWS IoT Jobsではクラウド側とデバイス側で、適宜Jobの状態を管理し、現在のJobの状態をレポートしながら処理を行うことで通信の断絶やデバイスの長時間の停止が生じた場合でも、適切な状態から処理を再開することができるようになっています。AWS IoT Jobsはデバイスのファームウェアのアップデートのような、一連のまとまった処理をデバイス上で実行したいような場合に適した制御方法です。

また、AWS IoT Jobsでは、Job Documentとよばれる JSONのドキュメントをユーザーが定義し、そのJob DocumentをJobごとに設定できます。デバイスで一連のタスクを実行する際に、デバイス側のプログラムでJob Documentを参照し、そこで定義されている変数にしたがって条件分岐をおこなうことができます。

●AWS IoT Jobsを用いたデバイス制御

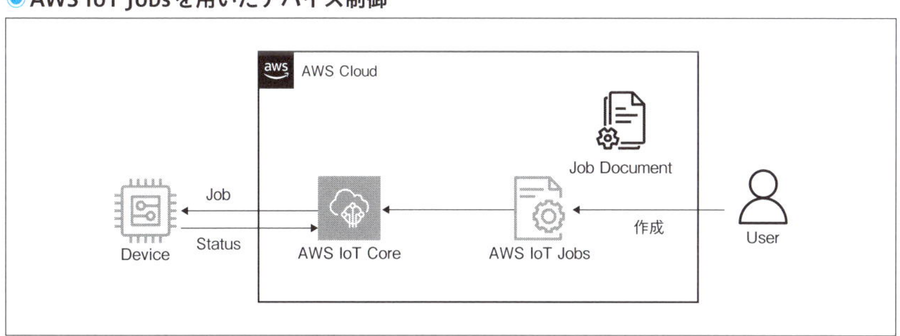

図はAWS IoT Jobs実行の流れです。ユーザーがAWS IoT Jobsを作成し実

行すると、デバイス側でそのJobを受信し、一連の処理を実行します。Jobの状態は、IN_PROGRESS、QUEUED、FAILED、SUCCEEDED、CANCELED、TIMED_OUT、REJECTED、REMOVEDのいずれかになります。デバイスは自身の実行状態をもとにして、現在の状態をAWS側にレポートします。そのため、MQTTのConnectionが通信品質の問題で一時的に断絶してしまったような状況でも、デバイスからのJobの状態のレポートによりJobがどこまで実行されているかAWS側で認識することができるため、必要に応じてJobを再実行できます。

● AWSマネジメントコンソール上のJob実行の状態

Jobの実行の状態は図に示すような、成功、失敗などのステータスとしてAWSのマネジメントコンソール上から確認できます。Jobの実行状態のレポート用に、以下に示すような特別なMQTT Topicが用意されており、デバイス側はこれらの予約Topicをサブスクライブし、必要に応じてこれらの予約Topicに状態を更新するためにパブリッシュすることで現在の状態をAWS側に伝えます($awsで始まるMQTT TopicはAWSによって予約されている特別なMQTT Topicとなっています)。

▼ Job 用の予約 MQTT Topic

- $aws/things/<thingName>/jobs/notify
- $aws/things/<thingName>/jobs/notify-next
- $aws/things/<thingName>/jobs/get
- $aws/things/<thingName>/jobs/get/accepted
- $aws/things/<thingName>/jobs/get/rejected
- $aws/things/<thingName>/jobs/start-next
- $aws/things/<thingName>/jobs/start-next/accepted
- $aws/things/<thingName>/jobs/start-next/rejected
- $aws/things/<thingName>/jobs/jobId/get
- $aws/things/<thingName>/jobs/jobId/get/accepted
- $aws/things/<thingName>/jobs/jobId/get/rejected
- $aws/things/<thingName>/jobs/jobId/update
- $aws/things/<thingName>/jobs/jobId/update/accepted

クラウド側ではこれらの予約Topicをサブスクライブし、デバイスの状態変化を認識し、AWSマネジメントコンソール上のJobの実行ステータスを更新します。

デバイス側では、Jobごとに設定される**Job Document**にて定義される変数を参照して、条件分岐を行うことができます。たとえば、ファームウェアのバージョン情報変数としてJob Documentに含めておいて、デバイス側でその内容を参照して自身のバージョンよりも新しければアップデートを行うというような制御を行うことができます。Job Documentはユーザーが自由に設定できます。

▼ Job Document

```
{
    "jobType": "Test",
    "Command": "Update",
    "FWVersion": "1.1.0",
    "Timeout": "30",
    "Status": "normal"
}
```

ここでは例として、上記のようなJob Documentを用意しました。実行するJobとJob Documentは1対1の関係にあり、Jobに対するJob DocumentをAWS マネジメントコンソールから指定します。デバイス側のプログラムでは、AWS IoT Device SDKのライブラリを使用することでJob Document内で定義される変数を参照できます。Job Documentを参照するデバイス側のプログラムの例は以下のようになります。

```
def job_thread_fn(job_id, job_document):
    try:
        print("Starting local work on job...")
        print(job_document["jobType"])
        print(job_document["Command"])

        if(job_document["Command"]=="Update"):
                            if(job_document["FWVersion"] == "1.1.0"):
                                // FWVersionが1.1.0のときにはUpdateを行う
                            update_firmware();
```

ここでは、Job Documentの“Command”の値が“Update”で、なおかつ“FWVersion”の値が“1.1.0”のときにはファームウエアのアップデートを行うようにしています。このように、“Command”の値がXXであったらどうする、YYであったらどうするというような条件分岐をJobDocumentの内容にしたがって行えるようになっています。

3-2 MQTT Topicによるデバイス制御 ～ LEDのOn/Off ～

デバイスのコントロールの実例として、ここでは**MQTT Topic**を用いた制御を行います。ESP32のデバイスに対して、MQTT経由でデバイスのLEDのOn/Offを切り替えます。実際にどのようにデバイス側の実装とAWS側のシステム構築を行えばよいのか確認していきましょう。

作成する可視化システムの構成

今回作成する**MQTT Topic**を用いたデバイスの制御システムを図に示します。

MQTT Topicを用いたデバイス制御システム

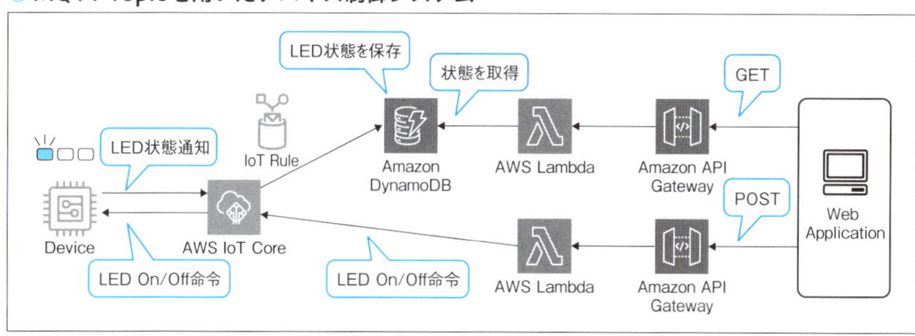

ESP32のデバイスはMQTT通信でAWS IoT Coreと通信を行い、AWS IoT CoreからMQTT Topicを通じてデバイスにLEDをOn/Offする命令を送信します。デバイスは自身のLEDの状態を定期的にAWS IoT Coreに通知し、AWS IoT Coreは**ルールエンジン**を用いてこのステータス情報を**DynamoDB**のテーブルに保存します。ユーザーはWebアプリケーションを操作し、**Amazon API Gateway**に定義された**REST API**を呼び出します。GETのAPIを呼び出すことで、DynamoDBに保存されているLEDのステータス情報を取り出し、

POSTのAPIを呼び出すことで、AWS Lambdaを経由してLEDのOn/Offの命令をAWS IoT Coreに送ります。デバイスは2章で作成した「esp32-thing」のモノを使用しますが、別のデバイスが登録された際も、デバイスのモノの名前を使用してデバイスを選択してコマンドを送れるようにデバイス名をAPIのリソースに含めるように構成します。

デバイス側のプログラムの作成

まず、デバイス側でMQTTによるコマンドを受けてLEDをOn/Offできるようなプログラムを作成します。2章で使用したesp-aws-iotの「Hello World」を送信するサンプルプログラムを改造して、デバイス側のプログラムを作成していきましょう。「Hello World」のサンプルプログラムをフォルダーごとコピーします。

```
cd ~/esp/esp-aws-iot/examples/mqtt
cp -a tls_mutual_auth mqtt_led
cd mqtt_led
```

使用するLEDのGPIOをmenuconfigで設定できるようにしたいので、main/Kconfig.projbuildのファイルに項目を追加します。LEDの点灯のサンプルプログラムを参考にして以下の項目を追加します。

▼ main/Kconfig.projbuild

```
    config LED_GPIO
        int "LED GPIO number"
        range 0 48
        default 8 if IDF_TARGET_ESP32C3 || IDF_TARGET_ESP32H2
        default 18 if IDF_TARGET_ESP32S2
        default 48 if IDF_TARGET_ESP32S3
        default 5
        help
            GPIO number (IOxx) to blink on and off or the RMT signal ↩
for the addressable LED.
```

```
            Some GPIOs are used for other purposes (flash connections, ↩
etc.) and cannot be used to blink.
```

このようにすることで、idf.py menuconfigを行った際にGPIOの番号を入力することができるようになります。次に、main/mqtt_demo_mutual_auth.cを編集して、特定のMQTT Topicを受信した際にLEDのOn/Offができるようにします。

必要なライブラリの追加と、変数の定義を行う必要があります。GPIOやsdkconfigを使用するために、driver/gpio.hやsdkconfig.hのインクルードを追加します。通常、デバイスのGPIOは入力に設定するか出力に設定するかを選ぶことができますが、LED用に使用しているGPIOは出力設定です。そのため、GPIOの値を読むことはできないので、GPIOに設定した値を内部で記憶しておくためにスタティックな変数としてs_led_stateを定義しています。

▼ **main/mqtt_demo_mutual_auth.c**

```
#include <string.h>
#include "driver/gpio.h"
#include "sdkconfig.h"
#define BLINK_GPIO CONFIG_LED_GPIO
static uint8_t s_led_state = 0;
```

もともとのプログラムでは、サンプルのMQTT Topicとして「CLIENT_IDENTIFIER "/example/topic"」が定義されていて、このTopicをサブスクライブし、同じTopicに対してパブリッシュをするようになっています。今回はこれを改変して、「data/meguro/20f/<thing名>」のTopicにデータをパブリッシュし、「cmd/led/meguro/20f/<thing名>」のTopicをサブスクライブしてそこからコマンドを受信する設定とします。ソースコード上、#define MQTT_EXAMPLE_TOPIC CLIENT_IDENTIFIER "/example/topic"と書かれている箇所を検索し、以下のように修正、追加します。

▼ main/mqtt_demo_mutual_auth.c

```
//以下を変更
#define MQTT_EXAMPLE_TOPIC    "data/meguro/20f/"CLIENT_IDENTIFIER
//以下を追加
#define MQTT_LED_TOPIC "cmd/led/meguro/20f/"CLIENT_IDENTIFIER
#define MQTT_LED_TOPIC_LENGTH ( ( uint16_t ) ( sizeof( MQTT_LED_TOPIC ) ↵
- 1 ) )
```

次に、新たな関数として、LEDの設定を行う関数と、LEDの点灯、消灯を行う関数を追加します。menuconfigで設定された番号のGPIOの制御を行い、同時にスタティックな変数に設定した状態を保存しておきます。

▼ main/mqtt_demo_mutual_auth.c

```
// GPIOの設定
static void configure_led(void)
{
    gpio_reset_pin(BLINK_GPIO);
    /* Set the GPIO as a push/pull output */
    gpio_set_direction(BLINK_GPIO, GPIO_MODE_OUTPUT);
}

// ledをオンする
static void turn_on_led(void)
{
    /* Set the GPIO level according to the state (LOW or HIGH)*/
    gpio_set_level(BLINK_GPIO, 1);
    s_led_state = 1;
}

// ledをオフする
static void turn_off_led(void)
{
    /* Set the GPIO level according to the state (LOW or HIGH)*/
    gpio_set_level(BLINK_GPIO, 0);
    s_led_state = 0;
}
```

定義したTopicをサブスクライブ、パブリッシュするようにソースコードを変更します。もともとのソースコードではTopic「MQTT_EXAMPLE_TOPIC」をサブスクライブし、同じTopicに対してパブリッシュも行うようになっていました。今回、パブリッシュはこれまで通り「MQTT_EXAMPLE_TOPIC」に対して行い、サブスクライブは「MQTT_LED_TOPIC」をサブスクライブするよう変更します。ソースコードを「MQTT_EXAMPLE_TOPIC」で検索し、サブスクライブを行っている箇所（subscribeToTopic関数等）のTopicの設定を「MQTT_LED_TOPIC」で置き換えます。

サブスクライブしたTopicがデータを受信したときに呼ばれる関数handleIncomingPublish内で、受信したデータを見て、データの内容が“turn_on”の文字列であればLEDを点灯、データの内容が“turn_off”であればLEDを消灯するロジックを以下のように実装します。

▼ **main/mqtt_demo_mutual_auth.c**

```
static void handleIncomingPublish( MQTTPublishInfo_t * pPublishInfo,
                                   uint16_t packetIdentifier )
{
    assert( pPublishInfo != NULL );

    /* Process incoming Publish. */
    LogInfo( ( "Incoming QOS : %d.", pPublishInfo->qos ) );


//中略


        //ledの設定
        configure_led();
                   //受信データが "turn_on"であればledをオン
        if (strncmp(pPublishInfo->pPayload, "turn_on", 
pPublishInfo->payloadLength) == 0){
            turn_on_led();
                  //受信データが "turn_off"であればledをオフ
        } else if(strncmp(pPublishInfo->pPayload, "turn_off", 
```

```
pPublishInfo->payloadLength) == 0){
            turn_off_led();
        } else {
            LogInfo( ( "Unknown command: %.*s.\n\n",
                   ( int ) pPublishInfo->payloadLength,
                   ( const char * ) pPublishInfo->pPayload));
        }
    }
    else
    {


//中略


    }
```

あとは、データを#define MQTT_EXAMPLE_TOPICで定義されたTopicにパブリッシュする関数、publishToTopicにおいて、「Hello World」の文字列を送信するかわりに、LEDのステータスを送信するように変更します

▼ **main/mqtt_demo_mutual_auth.c**

```
static int publishToTopic( MQTTContext_t * pMqttContext )
{
    int returnStatus = EXIT_SUCCESS;
    MQTTStatus_t mqttStatus = MQTTSuccess;
    uint8_t publishIndex = MAX_OUTGOING_PUBLISHES;

    assert( pMqttContext != NULL );


//中略


  if( returnStatus == EXIT_FAILURE )
    {
```

```
        LogError( ( "Unable to find a free spot for outgoing PUBLISH ↩
message.\n\n" ) );
    }
    else
    {
        // 文字列のBufferを用意し,led_statusを書き込む
        char buffer[100];
        char *p = buffer;
        sprintf(p, "{ \"led_status\": %d}\n", s_led_state);
        /* This example publishes to only one topic and uses QOS1. */


        outgoingPublishPackets[ publishIndex ].pubInfo.qos = MQTTQoS1;
        outgoingPublishPackets[ publishIndex ].pubInfo.pTopicName ↩
= MQTT_EXAMPLE_TOPIC;
        outgoingPublishPackets[ publishIndex ].pubInfo.topicNameLength ↩
= MQTT_EXAMPLE_TOPIC_LENGTH;
          // publishするパケットに先ほど用意したbufferの値をセット
        outgoingPublishPackets[ publishIndex ].pubInfo.pPayload = p;
        outgoingPublishPackets[ publishIndex ].pubInfo.payloadLength ↩
= strlen(p);

        /* Get a new packet id. */
        outgoingPublishPackets[ publishIndex ].packetId = ↩
MQTT_GetPacketId( pMqttContext );

        /* Send PUBLISH packet. */
        mqttStatus = MQTT_Publish( pMqttContext,
                                   &outgoingPublishPackets[ ↩
publishIndex ].pubInfo,
                                   outgoingPublishPackets[ ↩
publishIndex ].packetId );

//中略

    }
```

```
    return returnStatus;
}
```

これでデバイス側のプログラムの作成は完了です。筆者が作成して動作確認を行ったプログラムはhttps://github.com/tsugunao/IoTBookからダウンロードすることが可能ですので参考にしてください。プログラム自体、一度ビルドしたサンプルプログラム(tls_mutual_auth)をコピーしたものなので、idf.py fullcleanを行って環境をクリーンにする必要があります。その後、idf.py menuconfigを行い、Example Configurationで、LEDのGPIO番号を2に設定、MQTT client identifierやWifiの各種設定を行った後で以下のようにビルドし、デバイスに焼き込みます。

```
idf.py -p [PORT] build flash monitor
```

正しく焼き込まれると、ターミナル上に以下のように定期的に設定されたTopicに対してパブリッシュが行われている様子が表示されます。

```
I (88759) coreMQTT: Sending Publish to the MQTT topic data/meguro/20f/
esp32-thing.
I (88759) coreMQTT: PUBLISH sent for topic data/meguro/20f/esp32-thing
to broker with packet ID 17.


I (88929) coreMQTT: Ack packet deserialized with result: MQTTSuccess.
I (88929) coreMQTT: State record updated. New state=MQTTPublishDone.
I (88929) coreMQTT: PUBACK received for packet id 17.
I (88939) coreMQTT: Cleaned up outgoing publish packet with packet id 17.
I (94009) coreMQTT: Delay before continuing to next iteration.
I (95009) coreMQTT: Sending Publish to the MQTT topic data/meguro/20f/
esp32-thing.
I (95009) coreMQTT: PUBLISH sent for topic data/meguro/20f/esp32-thing
to broker with packet ID 18.
```

AWSのコンソールを開き、AWS IoTサービスのMQTTテストクライアントの画面から、「data/meguro/20f/esp32-thing」のTopicをサブスクライブすると、定期的に以下のようにLED情報が更新されることが確認できます。

● LED情報が更新される様子

MQTTテストクライアントの"トピックを公開する"のタブから、トピック名を「cmd/led/meguro/20f/esp32-thing」と設定し、トピックペイロードを「turn_on」と設定して、トピックを発行することで、LEDが点灯することを確認しましょう。

◉トピックにメッセージを送信

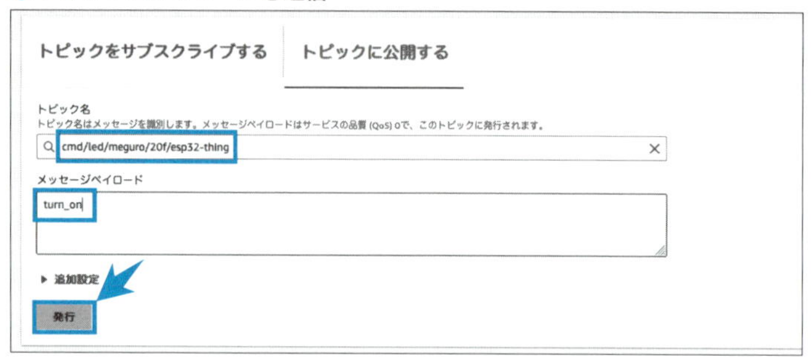

正しく設定が行われている場合、ターミナル上で以下のようなログが表示され、パブリッシュされたメッセージを受信してLEDを点灯していることが確認できます。LEDが点灯しない場合にはTopicが異なっているか、なんらかのエラーが生じている可能性があります。デバイスの実行時のログを確認して修正が必要であれば修正します。

```
I (677199) coreMQTT: Incoming QOS : 0.
I (677199) coreMQTT: Incoming Publish Topic Name: cmd/led/meguro/20f/↙
esp32-thing matches subscribed topic.
Incoming Publish message Packet Id is 0.
Incoming Publish Message : turn_on.

I (677219) gpio: GPIO[2]| InputEn: 0| OutputEn: 0| OpenDrain: 0| ↙
Pullup: 1| Pulldown: 0| Intr:0
I (678229) coreMQTT: Delay before continuing to next iteration.
```

ステータス情報のAmazon DynamoDBへの保存

ここまでで、デバイスとAWSの間の通信が確立し、デバイスからのデータを**AWS IoT Core**が受信することを実現しました。これから、AWS IoT Coreが受信したデータを**Amazon DynamoDB**に保存し、Webアプリケーションから状態を確認できるようにします。Amazon DynamoDBはフルマネージドな

NoSQLデータベースサービスで、センサー時系列データなどの保存に適しています。まず、Amazon DynamoDBのテーブルを作成します。

AWSのマネジメントコンソール上でDynamoDBのページに移動し、以下の操作を行います。

1 テーブルの作成

- 左側のメニューの“テーブル”をクリックし、“テーブルの作成”ボタンをクリック

2 テーブルの詳細設定

以下の図のようなテーブル作成画面に移行するので、テーブルの詳細設定を行います。

- 適当なテーブル名（ここではesp32_led_statusとしました）を入力
- パーティションキーに“device_id”と入力
- あとはデフォルト設定のまま、“テーブルの作成”をクリック

● Amazon DynamoDBテーブルの作成

DynamoDB ＞ テーブル ＞ テーブルの作成

テーブルの作成

テーブルの詳細 情報
DynamoDB は、テーブルの作成時にテーブル名とプライマリキーのみを必要とするスキーマレスデータベースです。

テーブル名
テーブルを識別するために使用されます。
esp32_led_status
3~255 文字で、文字、数字、アンダースコア (_)、ハイフン (-)、ピリオド (.) のみを使用できます。

パーティションキー
パーティションキーは、テーブルのプライマリキーの一部です。これは、テーブルから項目を取得し、スケーラビリティと可用性のためにホスト間でデータを割り当てるために使用されるハッシュ値です。
device_id　文字列
1~255 文字 (大文字と小文字が区別されます)。

ソートキー - オプション
ソートキーは、テーブルのプライマリキーの 2 番目の部分として使用できます。ソートキーにより、同じパーティションキーを共有するすべての項目をソートまたは検索できます。
ソートキー名を入力　文字列
1~255 文字 (大文字と小文字が区別されます)。

テーブル設定

デフォルト設定
最も短時間でテーブルを作成します。これらの設定は、今すぐ変更するか、テーブルの作成後に変更できます。

設定をカスタマイズ
これらの高度な機能を使用して、DynamoDB をニーズに合わせて設定します。

デフォルトテーブル設定
これらは、新しいテーブルのデフォルト設定です。これらの設定の一部は、テーブルの作成後に変更できます。

設定	値	作成後に編集可能
テーブルクラス	DynamoDB 標準	はい
キャパシティーモード	プロビジョンド	はい
プロビジョニングされた読み取りキャパシティ	5 RCU	はい
プロビジョニングされた書き込みキャパシティ	5 WCU	はい
Auto Scaling	オン	はい
ローカルセカンダリインデックス	-	いいえ
グローバルセカンダリインデックス	-	はい
暗号化キーの管理	Amazon DynamoDB が所有	はい
削除保護	オフ	はい
リソースベースのポリシー	非アクティブ	はい

タグ
タグは、AWS リソースに割り当てることができるキーとオプション値のペアです。タグを使用して、リソースへのアクセスを制御したり、AWS の使用状況を追跡したりできます。
リソースに関連付けられたタグがありません。
新しいタグの追加
さらに 50 個のタグを追加できます。

キャンセル　テーブルの作成

次に、データをAmazon DynamoDBへ転送するためのAWS IoT Coreのルールを設定します。AWS IoT Coreのコンソールに戻り、以下の操作を行います。

1 IoTルールの作成

以下のように、データをDynamoDBに転送するIoTルールを作成します。

- 左側のメニューの"メッセージのルーティング" > "ルール"をクリック
- IoTルールのページから"ルールを作成"ボタンをクリック

2 ルールのプロパティを指定

- 適切なルール名を入力（ここでは、led_status_ruleとしました）
- “次へ”をクリック

3 SQLステートメントを設定

ルールに使用するSQLステートメントの入力が求められるので、ここではワイルドカードを用いて“data/meguro”以下のTopicに送信されたデータは全てDynamoDBに転送されるよう、SELECT * FROM “data/meguro/#”を設定します。

- SQLステートメントの欄に「SELECT * FROM “data/meguro/#”」と入力
- “次へ”をクリック

● IoTルールの設定

4 ルールアクションの設定

ルールアクションの設定を行います。今回はDynamoDBにデータを送信したいので、以下のように設定します。

- アクションのドロップダウンメニューから“DynamoDB”を選択

- テーブル名は先ほど作成したテーブル名（esp32_led_status）を選択
- パーティションキーに“device_id”と入力
- パーティションキーの値に“${topic(4)}”と入力

ルールエンジンではTopicの値を参照することができ、今回の場合はTopicの階層の上から4番目にデバイスのモノの名前を入れるようなTopic構成になっているので、topic(4)としてデバイス名を取り出しています。

- “新しいロールを作成”をクリックしてロールを作成
- 作成したロールを選択
- IAMロールを設定する必要があるので、ここでロールを作成します。
- “次へ”をクリック

確認と作成の画面に遷移するので、“作成”をクリックします。

●ルールアクションの設定

正しくルールが作成されると、デバイスから送信されたデータがDynamoDBに格納されます。マネジメントコンソール上でDynamoDBのページに移動し、先ほど作成したテーブル（esp32_led_status）を選択し、右上に表示されている“テーブルアイテムの探索”ボタンをクリックすることで以下のようにDynamoDBに格納されているデータの内容を確認することができます。

● DynamoDBに格納されたデータを確認

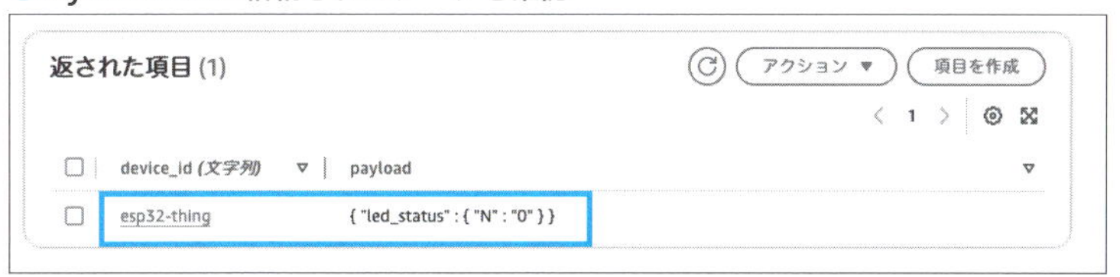

AWS Lambdaプログラムの作成

次に、DynamoDBからLEDのステータスデータを取得するAWS Lambdaと、AWS IoT Coreに対してLEDをOn/Offせよという命令を送るAWS Lambdaの合計2つのAWS Lambdaプログラムを作成します。

» DynamoDBからLEDのステータスデータを取得するAWS Lambdaの作成

まず、Lambda関数で利用するロールの作成を行います。AWSマネジメントコンソールからIAMの画面を開き、以下の操作を行います。

1 ロールの作成

- 左のサイドメニューから“ロール”をクリック
- “ロールを作成”をクリック

2 信頼されたエンティティを選択

- 信頼されたエンティティタイプで“AWSのサービス”を選択
- “ユースケース”＞“一般的なユースケース”から“Lambda”を選択
- “次へ”をクリック

●AWS Lambda用IAMロールの作成

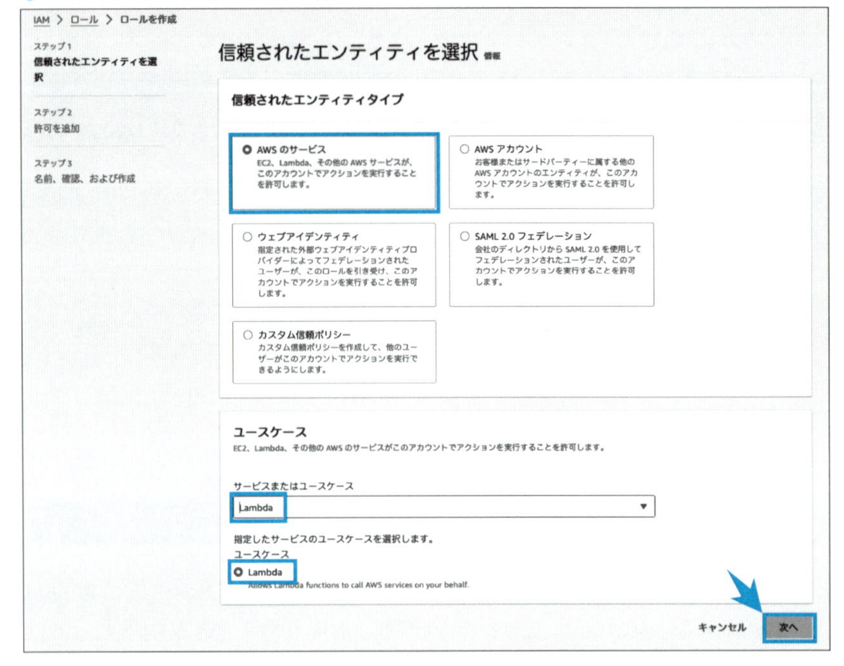

3 許可を追加

以下のように許可を追加します。

- “許可を追加”のページで、“AmazonDynamoDBFullAccess”と“AWSIoTFullAccess”を検索しチェック
- “次へ”をクリック

4 名前、確認、および作成

- 適切なロール名（ここではRoleForLedLambdaとつけました）を入力
- 選択した許可ポリシーが追加されていることを確認
- “ロールの作成”をクリック

◉ 作成するLambda関数に必要な権限を追加

次に、AWSマネジメントコンソールからAWS Lambdaのページに移動し、関数を作成します。

1 関数の作成

- 左のサイドメニューから“関数”をクリック
- “関数の作成”のボタンをクリック

関数の作成のページに遷移するので以下のように設定します。

- 関数の作成で“一から作成”を選択
- 適切な関数名を入力（ここではgetDynamoDBStatusとしました）
- ランタイムに“Python3.8”を選択

Pythonのバージョンに関してはPython3.8で確認しましたが最新のバー

ジョンでも問題なく動作するはずです。Python3.8がサポートから外れた際には最新バージョンで試してみてください。

- “アクセス権限”の箇所で“デフォルトの実行ロール”の箇所を展開
- “既存のロールを使用する”を選択
- 既存のロールとして先ほど作成したIAMロールを選択
- “関数の作成”をクリック

●Lambda関数の作成

コードのタブを開き、コードソースの部分に以下のコードを貼り付けます。こちらのコードはhttps://github.com/tsugunao/IoTBookからダウンロードすることが可能です。パスパラメータとして受け取ったdeviceidとクエリパラメータとして受け取ったitem名（ここでは“led_status”）を元に、DynamoDBからデータを取得しています。

```
from __future__ import print_function
import boto3
from boto3.dynamodb.conditions import Key
from boto3.dynamodb.conditions import Attr
import datetime
import json
import traceback
import os

#-----Dynamo Info change here------
// table名を環境変数から取得
TABLE_NAME = os.environ.get('TABLE_NAME', "default")
DDB_PRIMARY_KEY = "device_id"
#-----Dynamo Info change here------

dynamodb = boto3.resource('dynamodb')
table  = dynamodb.Table(TABLE_NAME)

#------------------------------------------------------------------------
def dynamoQuery(deviceid, key):
    print("dynamoQuery start")

    options = {
    'KeyConditionExpression': Key(DDB_PRIMARY_KEY).eq(deviceid)
    }
    res = table.query(**options)

    if res['Count'] != 0 and key in res['Items'][0]['payload']:
        ans = { key:res['Items'][0]['payload'][key]}
        return ans
    else:
        return ''

#------------------------------------------------------------------------
# call by Lambda here.
#  Event structure : API-Gateway Lambda proxy post
#------------------------------------------------------------------------
```

```
def lambda_handler(event, context):
    #Lambda Proxy response back template
    HttpRes = {
        "statusCode": 200,
        "headers": {"Access-Control-Allow-Origin" : "*"},
        "body": "",
        "isBase64Encoded": False
    }

    try:
        print("lambda_handler start")
        print(json.dumps(event))

        # get Parameters
        pathParameters = event.get('pathParameters')
        deviceid = pathParameters["deviceid"]
        queryParameters = event.get('queryStringParameters')
        key = queryParameters['item']

        resItemDict = { deviceid : ""}
        // DynamoDBからdeviceidをKeyとしてデータを取得
        resItemDict[deviceid] = dynamoQuery(deviceid, key)
        // 取得結果をResponseに格納
        HttpRes['body'] = json.dumps(resItemDict, default=str)

    except Exception as e:
        print(traceback.format_exc())
        HttpRes["statusCode"] = 500
        HttpRes["body"] = "Lambda error. check lambda log"

    print("response:{}".format(json.dumps(HttpRes)))
    return HttpRes
```

“Deploy”ボタンをクリックし、入力した関数をデプロイします。この関数では、DynamoDBのテーブル名を以下のように環境変数から取得できるように設定しています。

▼ 環境変数 TABLE_NAME

```
TABLE_NAME = os.environ.get('TABLE_NAME', "default")
```

そのため以下のようにLambdaのマネジメントコンソールの“設定”の“環境変数”を選択し、“TABLE_NAME”をキーとしてDynamoDBのテーブル名を入力します。

● 環境変数の設定

» LEDのコントロールを行うAWS Lambdaの作成

同様の手順にてLEDのコントロールを行うAWS Lambdaを作成します。先ほど作成したIAMロールにはIoTへのアクセス権限も付与しておいたので、同じロールを共有して利用します。“関数の作成”ボタンをクリックし、コードのタブを開き、コードソースの部分に以下のコードを貼り付けます。こちらのコードはパスパラメータからdeviceidを受け取り、定義したLED制御用のTopicに対してbodyで受信したデータをパブリッシュしています。

```
import json
```

```
import boto3

iot = boto3.client('iot-data')

def lambda_handler(event, context):

    print(event)
    command=event['body']
    pathParameters = event.get('pathParameters')
    deviceid = pathParameters["deviceid"]

    topic = 'cmd/led/meguro/20f/'+deviceid
    print("command:" + command + " topic:" + topic)

    try:
        //指定したTopicに対してデータをPublish
        iot.publish(
            topic=topic,
            qos=1,
            payload=command
        )
        return {
            'statusCode': '200',
            "headers": {
                "Content-Type": "application/json",
                "Access-Control-Allow-Origin": '*'
            },
            'body': 'Succeeeded'
        }

    except Exception as e:
        print(e)
        return {
            'statusCode': '500',
            "headers": {
                "Content-Type": "application/json",
                "Access-Control-Allow-Origin": '*'
```

```
        },
        'body': e
    }
```


Amazon API Gatewayの作成

次に、作成した**Lambda関数**を呼び出す**API Gateway**のAPIを作成します。AWSのマネジメントコンソールからAPI Gatewayのページを開き、以下の操作を行います。

1 APIの作成

- 左のサイドメニューから“API”をクリック
- “APIを作成”をクリック

2 APIタイプを選択

- “APIタイプを選択”の画面で“REST API”を選択し、“構築”をクリック

3 REST APIを作成

REST API作成画面に遷移するので、以下のように設定を行います。

- “新しいAPI”を選択
- API名を入力（ここではdeviceControlとしました）
- “APIを作成”をクリック

●APIの作成

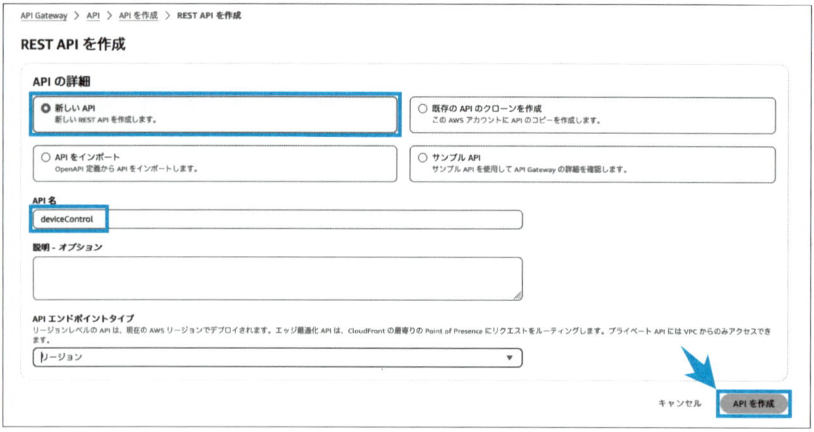

API Gateway > API > APIを作成 > REST APIを作成

REST APIを作成

API の詳細

新しい API
新しい REST API を作成します。

既存の API のクローンを作成
この AWS アカウントに API のコピーを作成します。

API をインポート
OpenAPI 定義から API をインポートします。

サンプル API
サンプル API を使用して API Gateway の詳細を確認します。

API 名
deviceControl

説明 - オプション

API エンドポイントタイプ
リージョンレベルの API は、現在の AWS リージョンでデプロイされます。エッジ最適化 API は、CloudFront の最寄りの Point of Presence にリクエストをルーティングします。プライベート API には VPC からのみアクセスできます。
リージョン

キャンセル　API を作成

4 リソースの作成

以下のようにリソースの作成を行います。

- “リソースを作成”のボタンをクリック
- リソース名に“{deviceid}”と入力

今回のAPIではREST APIのURIのリソース（URL上のパスのようなもの）としてdeviceidを使用してデバイスを指定してLEDの制御を行えるようにします。そのため、“deviceid”をリソースとして追加します（APIコールはリソースに対して行う形となります）。“deviceid”をパスパラメータとして使用するために、リソース名は“{deviceid}”とカッコで囲んだ形で入力します。

- CORS（Cross-Origin Resource Sharing）を有効にしたいのでチェック
- “リソースを作成”をクリック

● リソースの作成

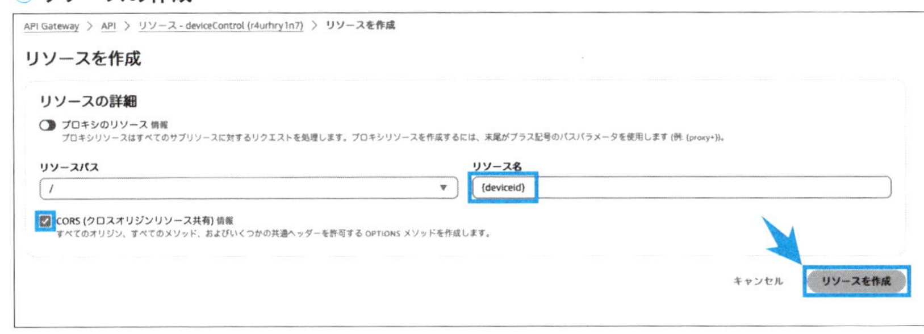

5 メソッドの作成

リソースに対応するメソッドを作成します。DynamoDBからデータを取得するメソッドはGETのメソッドとして、Lambda関数を経由してコマンドを送信するメソッドはPOSTのメソッドとして作成します。

- 作成した"{deviceid}"のリソースを選択した状態で、"メソッドを作成"をクリック

6 メソッドの詳細の設定

- メソッドタイプとして"GET"を選択
- "統合タイプ"として、"Lambda関数"を選択
- Lambdaプロキシ統合のチェックボックスを有効に設定

◉メソッドの作成

API GatewayからLambda関数を呼び出す際、デフォルトではリクエストパラメータの受け渡しは行われません。Lambda関数側でリクエストパラメータを知りたい場合には2つの方法があり、1つはマッピングテンプレートと呼ばれる設定ファイルを設定する方法、もう1つはプロキシ統合を使用する方法です。プロキシ統合を利用するとマッピングの定義をせずともリクエストに入っているパラメータをLambda関数に渡してくれるため、今回はこの機能を利用します。

- Lambda関数には先ほど作成したLambda関数「getDynamoDBStatus」を選択
- “メソッドを作成”ボタンをクリック

結果、以下のような画面が表示されることを確認します。

7 クエリパタメータの設定

今回、何の値を取得するのかを示すために、クエリパラメータとして“item”という値を定義し、呼び出し時に？ item=led_statusのように呼び出すことにします。そのため、クエリパラメータとして“item”という値を追加します。

- “メソッドリクエストの設定”の中にある“編集”ボタンをクリック

● クエリパラメータの設定

- URL クエリ文字列パラメータの箇所を展開
- “クエリ文字列の追加”をクリック
- 図のように“item”をクエリパラメータとして追加
- “保存”をクリック

●itemをクエリパラメータとして設定

API Gateway > API > リソース - deviceControl (r4urhry1n7) > メソッドリクエストを編集

メソッドリクエストを編集

メソッドリクエストの設定
認可
なし
リクエストバリデーター
なし
API キーは必須です
オペレーション名 - オプション
GetPets

▼ リクエストパス
名前　キャッシュ
deviceid

▼ URL クエリ文字列パラメータ
名前　必須　キャッシュ
item　削除
クエリ文字列を追加

▶ HTTP リクエストヘッダー

▶ リクエスト本文

キャンセル　保存

8 APIのテスト

先ほどの画面に戻り、“テスト”のタブをクリックするとAPIのテストを行うことができます。

- “deviceid”の箇所にモノの名前である“esp32-thing”を入力
- クエリ文字列の箇所に“item=led_status”と入力
- “テスト”ボタンをクリック

API呼び出しが行われ、成功すると以下のようにレスポンス本文のところにdeviceidに対するLEDのステータスが得られます。

●メソッドのテスト

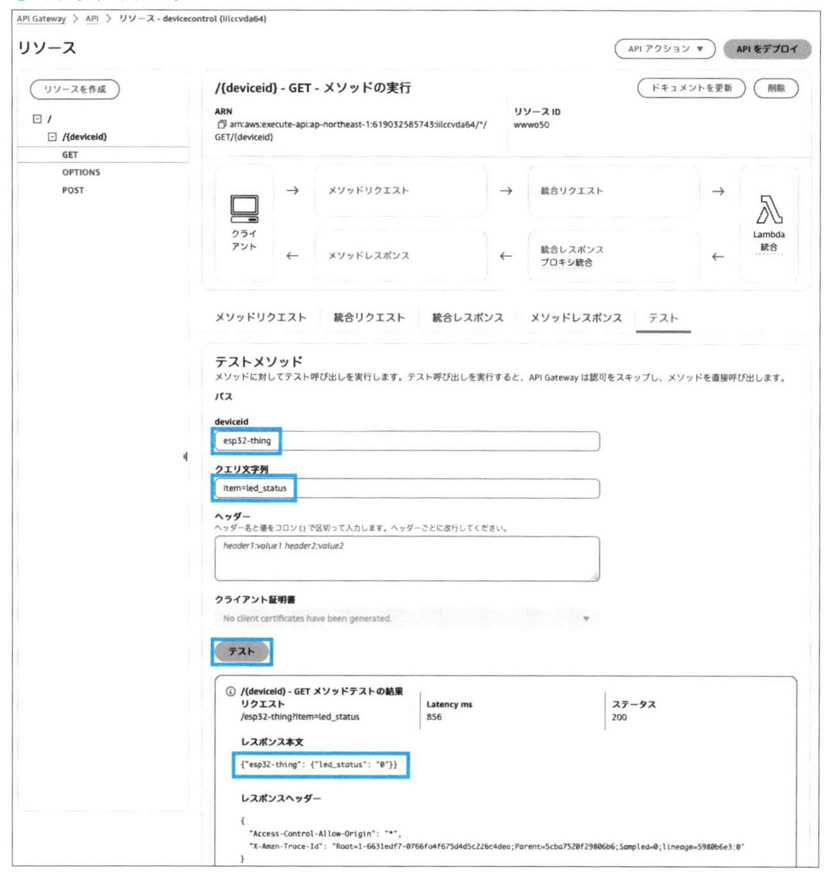

9 APIのデプロイ

以下のようにAPIをデプロイします。

- “APIをデプロイ” ボタンをクリック

●APIのデプロイ

APIをデプロイしようとするとポップアップが表示されるので、以下のようにデプロイします。

- “デプロイされるステージ”で“[新しいステージ]”を選択
- ステージ名を入力（ここではdevとしました）
- デプロイをクリック

●devステージにAPIをデプロイ

Deploy API
APIがデプロイされるステージを選択します。例えば、APIのテスト版をbetaという名前のステージにデプロイできます。
ステージ
新しいステージ
ステージ名
dev
新しいステージがデフォルト設定で作成されます。[ステージ] ページでステージ設定を編集します。
デプロイメントの説明
キャンセル
デプロイ

POSTのAPIについてもGETと同様の手順で、以下のようにメソッドを作成してください。

- “メソッドを作成”からメソッドタイプとして“POST”を選択

- Lambda関数を指定する箇所で、MQTTのコントロールを行うLambda関数を指定

今回POSTではクエリパラメータは利用しないのでクエリパラメータの設定の必要はありません。POSTについてもメソッドのテストを行い、リクエスト本文のところに“turn_on”もしくは“turn_off”と入力し、deviceidにモノの名前を入れて、APIの呼び出しをテストすることで、デバイスのLEDのOn/Offができることを確認してください。

● POSTメソッドのテスト

Column

Infrastructure as Codeについて

これまでの説明では、AWSの**マネジメントコンソール**からAPI GatewayやLambda関数を作成する説明を行いました。もちろんベーシックな方法として

は良いのですが、本番環境の開発を行うような際には、誰がどう変更を加えたのか再現性のある形で管理して、もし誤りがあった場合には元に戻す、ということを行う必要があります。そのような場合に、環境をコードとして管理することができる、「**Infrastructure as Code**」略して「**IaC**」が使用されます。IaCを使用すると、環境をテキストファイルの形で管理することができるので、変更の差分管理や履歴管理が容易になり、git等の構成管理ツールを用いて複数メンバーで管理しながら環境の開発を進めることができるようになるため便利です。IaCのツールとしては、AWS標準の**CloudFormation**や、HashiCorp社が提供する**Terraform**、TypeScriptやPythonなどのプログラミング言語を使用して環境を作成することのできる**AWS CDK**、CloudFormationをサーバーレスアプリケーション用に拡張した**AWS SAM（Serverless Application Model）**などいくつか種類があります。これらは好みに合わせて選択していただけば良いですが、ここでは例として、AWSマネジメントコンソールを用いて作成したAPI GatewayとLambdaをAWS SAMを用いた場合にどのように作成することができるか、簡単に解説します。

まず、**AWS SAM CLI**をインストールする必要があるので、自身の環境にAWS SAM CLIのインストール手順（https://docs.aws.amazon.com/ja_jp/serverless-application-model/latest/developerguide/install-sam-cli.html）を参考にしてインストールを行います。インストールができたら、以下のように実行してサンプルアプリを作成します。

```
sam init
Which template source would you like to use?
        1 - AWS Quick Start Templates
        2 - Custom Template Location
Choice: 1 <  1を入力
Choose an AWS Quick Start application template
        1 - Hello World Example
        2 - Data processing
        3 - Hello World Example with Powertools for AWS Lambda
        4 - Multi-step workflow
        5 - Scheduled task
```

```
        6 - Standalone function
        7 - Serverless API
        8 - Infrastructure event management
        9 - Lambda Response Streaming
        10 - Serverless Connector Hello World Example
        11 - Multi-step workflow with Connectors
        12 - GraphQLApi Hello World Example
        13 - Full Stack
        14 - Lambda EFS example
        15 - Hello World Example With Powertools for AWS Lambda
        16 - DynamoDB Example
        17 - Machine Learning
Template: 1 < 1を入力

Use the most popular runtime and package type? (Python and zip) ↵
[y/N]: < y を入力
Would you like to enable X-Ray tracing on the function(s) in your ↵
application?  [y/N]: < n を入力
Would you like to enable monitoring using CloudWatch Application ↵
Insights?
For more info, please view https://docs.aws.amazon.com/↵
AmazonCloudWatch/latest/monitoring/cloudwatch-application-↵
insights.html [y/N]: < nを入力
Project name [sam-app]: < プロジェクト名を入力
```

終了するとプロジェクト名（ここではsam-app）で以下のようなフォルダーが作成されます。

▼ ディレクトリ構成

```
sam-app/
├──── README.md
├──── __init__.py
├──── events
│     └──── event.json
├──── hello_world
│     ├──── __init__.py
```

```
|    ├── app.py
|    └── requirements.txt
├── samconfig.toml
├── template.yaml
```

この中の、「template.yaml」が**IaC**を行うためのテンプレートファイル、app.pyがLambdaで実行される関数となります。template.yamlは以下のような構成になっています。

▼ template.yaml

```
AWSTemplateFormatVersion: '2010-09-09'
Transform: AWS::Serverless-2016-10-31
Description: >
  sam-app

  Sample SAM Template for sam-app

# More info about Globals: https://github.com/awslabs/serverless-
application-model/blob/master/docs/globals.rst
Globals:
  Function:
    Timeout: 3
    MemorySize: 128

Resources:
  HelloWorldFunction:
    Type: AWS::Serverless::Function # More info about Function
Resource: https://github.com/awslabs/serverless-application-model/
blob/master/versions/2016-10-31.md#awsserverlessfunction
    Properties:
      CodeUri: hello_world/
      Handler: app.lambda_handler
      Runtime: python3.9
      Architectures:
        - x86_64
      Events:
```

```
        HelloWorld:
          Type: Api # More info about API Event Source: 
https://github.com/awslabs/serverless-application-model/blob/
master/versions/2016-10-31.md#api
          Properties:
            Path: /hello
            Method: get

Outputs:
  # ServerlessRestApi is an implicit API created out of Events key 
under Serverless::Function
  # Find out more about other implicit resources you can reference 
within SAM
  # https://github.com/awslabs/serverless-application-model/blob/
master/docs/internals/generated_resources.rst#api
  HelloWorldApi:
    Description: "API Gateway endpoint URL for Prod stage for 
Hello World function"
    Value: !Sub "https://${ServerlessRestApi}.execute-api.${AWS::
Region}.amazonaws.com/Prod/hello/"
  HelloWorldFunction:
    Description: "Hello World Lambda Function ARN"
    Value: !GetAtt HelloWorldFunction.Arn
  HelloWorldFunctionIamRole:
    Description: "Implicit IAM Role created for Hello World 
function"
    Value: !GetAtt HelloWorldFunctionRole.Arn
```

このテンプレートファイルの中で、“Resources”の部分がLambda関数やDynamoDB Tableなどのリソースを定義する部分で、上記の設定でAPI GatewayとLambda関数を作成できます。以下のようにビルドし、デプロイすると、CloudFormationへの変換が行われ、API GatewayとLambda関数が作成されます（必要とされるPythonのバージョンが開発環境上にない場合にはエラーになることがあるので、適宜必要なバージョンをインストールしてください）。

```
sam build
sam deploy -guided
        Setting default arguments for 'sam deploy'
        ==========================================
        Stack Name [sam-app]: < Stack nameを入力
AWS Region [ap-northeast-1]: <デプロイするリージョンを入力
Confirm changes before deploy [Y/n]:
Allow SAM CLI IAM role creation [Y/n]:
Disable rollback [y/N]:
HelloWorldFunction has no authentication. Is this okay? [y/N]: ↙
<yを入力
Save arguments to configuration file [Y/n]:
SAM configuration file [samconfig.toml]:
SAM configuration environment [default]:
Deploy this changeset? [y/N]: < yを入力
<以下、デプロイが行われる>
```

これによりサンプルアプリがデプロイされます。AWSマネジメントコンソールからAPI GatewayおよびLambdaを確認すると、template.yamlで指定したリソースが作成されていることが確認できます。このサンプルアプリを雛形として、テンプレートファイルやLambda関数の処理を追加していくことでAPI GatewayやLambdaをIaCの形で作成していくことができます。

Webアプリケーションの作成と動作確認

最後に簡単なWebアプリケーションを作成して、そこからAPIを呼び出し、デバイスの制御が行えるかどうか確認します。Webアプリケーションの作成方法にはいくつか方法がありますが、今回はシンプルに**jQuery**を使ってAPIを呼び出す形とします。ローカルに保存したファイルから確認する方法やS3を用いて静的Webをホスティングすることも可能ですが、今回は**EC2**のインスタンスをたてて、そこにWebアプリケーションをホストします。

1 インスタンスの起動

- AWSマネジメントコンソールのEC2のページを開き、左側のメニューの"インスタンス"をクリック
- "インスタンスを起動"のボタンをクリック

2 インスタンスの設定

以下のようにインスタンスの設定を行います。

- インスタンス名を入力
- マシンイメージとインスタンスタイプを選択
- 新しいキーペアの作成のリンクから新しいキーペアを作成するか、既存のキーペアを持っている場合には既存のキーペアを指定。

どのマシンイメージを選択しても良いですが、今回はUbuntu Server22.04 LTSのt2.mcroインスタンスを選択しています。

- ネットワーク設定の箇所では、パブリックIPの自動割り当てが"有効化"に設定されていることを確認
- "セキュリティーグループを作成"にチェック
- 任意の場所からのSSHトラフィックを許可する設定にチェック
- "インターネットからのHTTPトラフィックを許可"にチェック
- あとの設定はデフォルトのまま"インスタンスを起動"をクリック

●EC2インスタンスを起動

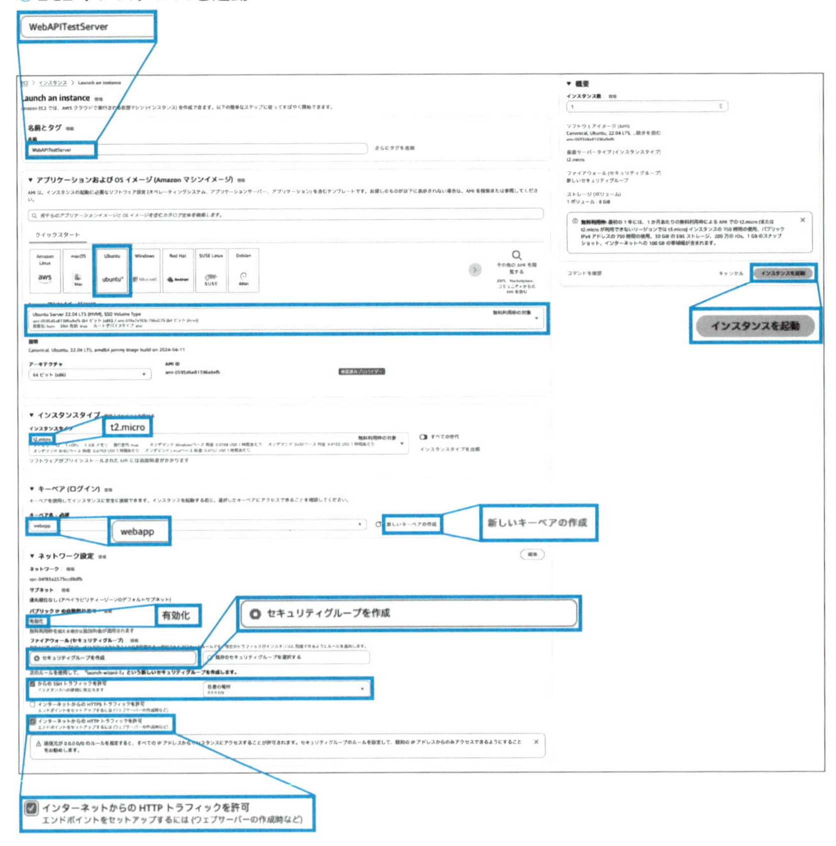

　しばらくするとインスタンスが立ち上がります。インスタンスの番号をクリックすると以下のように表示され、**パブリックIPv4アドレス**や**パブリックIPv4 DNS**を確認することができます。

●起動したEC2インスタンスの状態

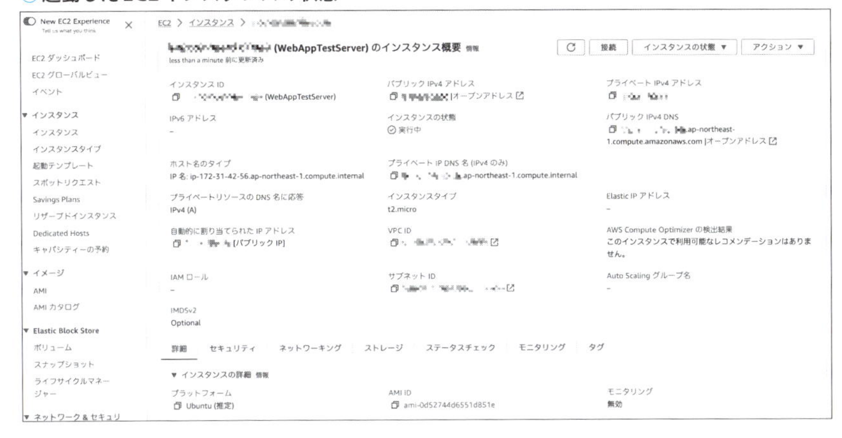

3 EC2インスタンスへの接続

自身の端末でターミナルソフトもしくはSSHクライアントを開き、作成したEC2インスタンスに以下のように接続します。

```
chmod 400 {ダウンロードしたキーペア名}.pem
ssh -i {ダウンロードしたキーペア名}.pem ubuntu@{パブリックIPv4 DNSの値}
```

4 Apacheのインストール

EC2にログインした後、以下のようにApacheをインストールします。

```
sudo apt-get update
sudo apt-get install apache2
apache2 -v  //バージョン確認
```

先ほど確認したパブリックIPv4アドレスもしくはパブリックIPv4 DNSを“http://<パブリックIPv4>”のような形でブラウザにて開くと以下のようなページが表示されます。

● Apacheのデフォルトのページ

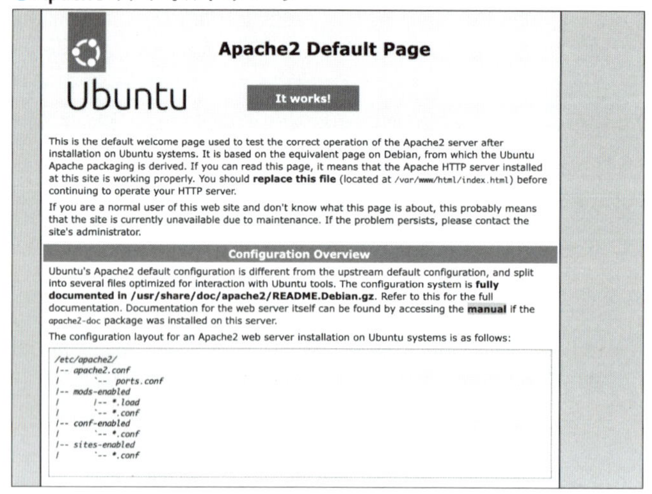

5 Webアプリケーションの作成

表示されているファイルは /var/www/html/index.htmlに格納されているので、このindex.htmlを以下のファイルで置き換えます。エディターで/var/www/html/index.htmlを開いて、以下をコピーしてください。呼び出しているAPIのURLは自身でデプロイしたAPI GatewayのURLで置き換えてください。このindex.htmlはhttps://github.com/tsugunao/IoTBookからダウンロードすることが可能です。

▼ index.html

```
<!DOCTYPE html PUBLIC "-//W3C//DTD XHTML 1.0 Transitional//EN" "http://www.w3.org/TR/xhtml1/DTD/xhtml1-transitional.dtd">
<html lang="en">
<head>
  <title>Device Control Sample Web Application<input type="text" size="40" value="名前を入力"></title>
  <meta charset="utf-8">
 <style>
```

```
.box2 {
    padding: 0.5em 1em;
    margin: 2em 0;
    font-weight: bold;
    font-family: "serif";
    color: #6091d3;/*文字色*/
    background: #FFF;
    border: solid 3px #6091d3;/*線*/
    border-radius: 10px;/*角の丸み*/
}
.box2 p {
    margin: 0;
    padding: 0;
}
.c-button {
  appearance: none;
  border: 0;
  margin: 5px 0;
  border-radius: 5px;
  background: #4676D7;
  color: #fff;
  padding: 8px 16px;
  font-size: 16px;
}
.c-button:hover {
  background: #1d49aa;
}

.c-button:focus {
  outline: none;
  box-shadow: 0 0 0 4px #cbd6ee;
}
.c-button.isInActive {
  background #C0C0C0;
}

 </style>
```

```
</head>
<body>
  <div class="box2"> ターゲットデバイス: <text id="devicename">
esp32-thing </text> <br>
 <input type="text" id="deviceid"  value="esp32-thing"> <br>
 <input type="button" class=c-button value="デバイスを変更" 
id="setButton">
  </div>

<div class="box2"> 現在のLEDの状態: <text id="ledstatus"> 
OFF</text> <br>

<input type="button" class=c-button value="状態の更新" 
id="update_button">
</div>

<div class="box2"> LEDのコントロール <br>
<input type="button" class=c-button value="ON" id="on_button">
<input type="button" class=c-button value="OFF" id="off_button">
</div>

<script src="https://ajax.googleapis.com/ajax/libs/jquery/3.6.0/
jquery.min.js"></script>
<script>

  $("#setButton").click(function(){
    const dev= $("#deviceid").val();
    $("#devicename").text(dev);
  });

led_status = 'off';
$(function() {

  target=$('#deviceid').val();
  led_status= getStatus();
```

```
});


$('#on_button').click(function(){
      posturl= {自身でDEPLOYしたAPIのURL} +target
      postcommand="turn_on"
      //  on_buttonがクリックされたときにAPIを呼び出し
      $.ajax({
            type : "POST",
            url : posturl,
            dataType: "text",
            data:postcommand,
            success: function(resp, status) {
                        console.log(resp);
                        led_status=getStatus();
                        console.log(led_status);
            },
            error: function(XMLHttpRequest, textStatus, errorThrown) {
                       console.log(errorThrown)
            }
      });
});

$('#off_button').click(function(){
      posturl= {自身でDEPLOYしたAPIのURL} +target
      postcommand="turn_off"
      //  off_buttonがクリックされたときにAPIを呼び出し
      $.ajax({
            type : "POST",
            url : posturl,
            dataType: "text",
            data:postcommand,
            success: function(resp, status) {
                        console.log(resp);
                        led_status=getStatus();
                        console.log(led_status);
            },
```

```
            error: function(XMLHttpRequest, textStatus, errorThrown) {
                    console.log(errorThrown)
            }
        });
});



$('#update_button').click(function(){
        status=getStatus();
});


function getStatus() {
  target=$('#deviceid').val();
  geturl= {自身でDEPLOYしたAPIのURL} +target+"?item=led_status"
        // led状態取得のAPIを呼び出し
        $.ajax({
            type : "GET",
            url : geturl,
            success: function(resp, status) {
              if(resp[target]['led_status'] == 0){
                led_status = 'off'
              } else if (resp[target]['led_status'] == 1){
                led_status = 'on'
              }
            },
            error: function(XMLHttpRequest, textStatus, errorThrown) {
                console.log("Get API call failed")
            }
          });
        console.log(led_status);
        if(led_status == "on"){
          $('#ledstatus').text('ON');
          $('#on_button').css('background-color',"#c0c0c0");
          $('#off_button').css('background-color',"#4676D7")
        } else if(led_status == "off"){
```

```
        $('#ledstatus').text('OFF');
        $('#on_button').css('background-color',"#4676D7")
        $('#off_button').css('background-color',"#c0c0c0")
      }
      return led_status;
}


</script>
</body>
</html>
```


ファイルを更新後、再びhttp://<パブリックIPv4>をブラウザで開くと以下のような画面が表示されます。（ブラウザのデバッグ機能を有効にしています）

● 今回作成したUIの画面の様子

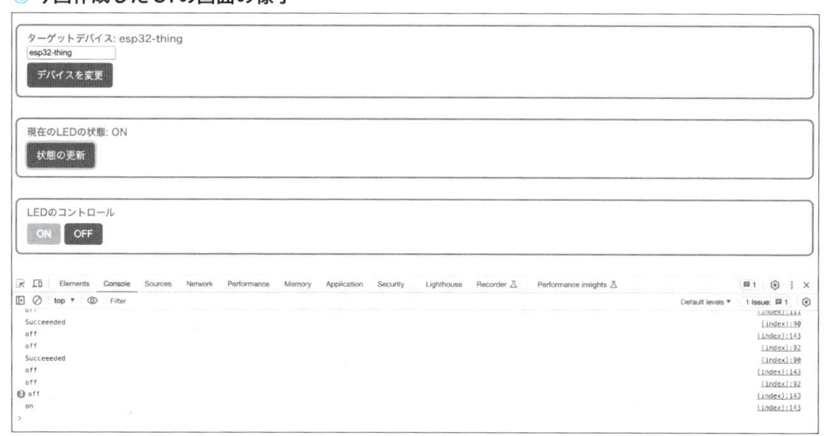

このアプリケーションは“デバイスを変更”ボタンでターゲットのデバイスを変更ができるようになっています。今回の場合だと、デバイスは“esp32-thing”の名前で登録しているはずですので、特に変更の必要はありません。“状態の更新”ボタンでGETのAPIを呼び出してDynamoDBからLEDのステー

タスデータを取得し、現在のLED状態を更新するようになっています。LEDのON/OFFを行いたい場合には、LEDのコントロールから、ONボタン、OFFボタンを押すとそれぞれその命令をPOSTコマンドとしてAPI Gatewayに送ります。ブラウザのデバッグ機能を有効にして、console.logを見えるようにした状態で、LEDのコントロールON/OFFをクリックして、実際にデバイスのLEDがON/OFFするかどうか確認してください。もし、うまくON/OFFできなかった場合には、API Gateway, Lambdaそれぞれのログを**CloudWatch**にて確認して、エラー等が生じていないか確認してください。

現在のデバイスの設定では、デバイスの状態をクラウド側に定期的に送信する周期は約6秒周期で送っているので、LEDの制御コマンドを送ってLEDが点灯したとしても、その状態がDynamoDBのデータを更新するのに6秒程度かかります。そのため、"状態の更新" ボタンを押してもすぐには状態が反映されません。アプリケーションをいろいろ触ってみながら、console.logに表示されるログとの状態の更新の時間差を確かめてみてください。

Webアプリケーションからデバイスを MQTT経由でコントロールするための一連の作業がご理解いただけたかと思います。

第4章

デバイスから取得したデータの可視化

本章ではデバイスから収集したデータをどのように活用するかについて解説します。データの活用には何段階かステップがあって、まずは収集したデータを可視化して何が起こっているのか観察できるようにすることがファーストステップとなります。データの可視化の例として、ESP32のデバイスに温度・湿度センサーを接続し、得られた時系列データをどのように可視化すればよいのかを解説します。

4-1 センサーデバイスとESP32開発ボードとの接続

温度・湿度センサーのデバイスとして数多くのデバイスが発売されていますが、本書では安価に入手可能なAosong Guangzhou Electronics社のDHT11と呼ばれるセンサーデバイスを用いて実験していきます。DHT11には、写真のようなピンが4本の単体版とピンが3本のモジュール版があります。単体版にパスコンデンサ等がついたものがモジュール版で、基本的には同じように使用できます。単体版は3番ピンがemptyとなっているので、1（VCC）、2（DATA）、4（GND）を使えばよいです。

●使用する温度・湿度センサー

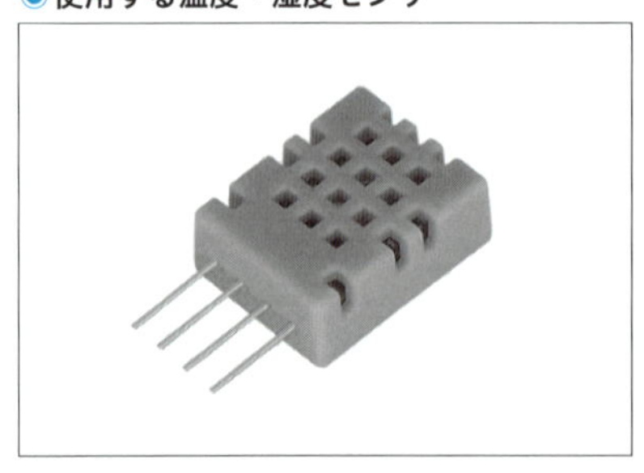

http://www.aosong.com/en/products-21.html

ESP32の開発ボードにもセンサーデバイスのボードにもピンヘッダーが付いているので、ジャンパー線で接続することではんだ付けなしでセンサーデバイスとESP32開発ボードを接続することができます。今回はGPIO4をデータの読み取りで使うことにして、図のようにジャンパー線を用いてESP32開発ボードとセンサーボードを接続します。

● **ESP32開発ボードと温度・湿度センサーを接続**

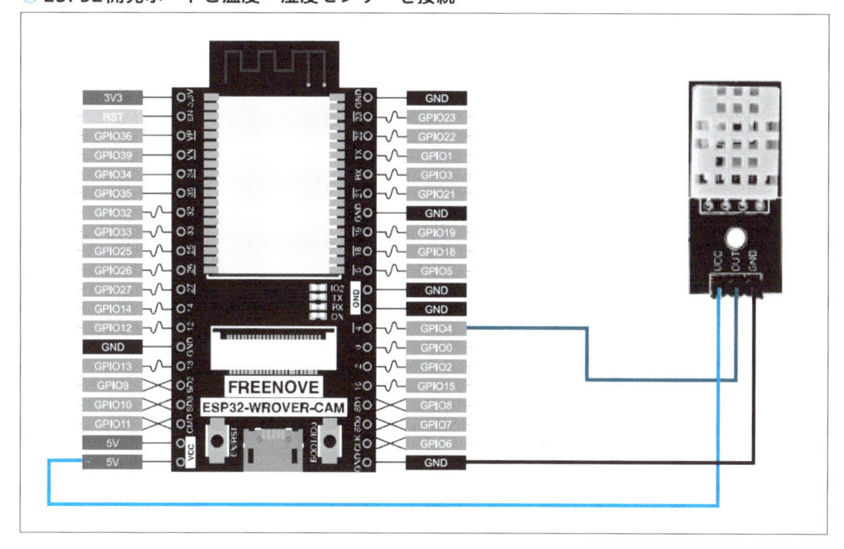

https://github.com/Freenove/Freenove_ESP32_WROVER_Board

作成する可視化システムの構成

本章では次の図のような可視化システムを作成します。デバイスはセンサーからデータを取得し、それを**AWS IoT Core**に送信します。AWS IoT Coreのルールエンジンを使用して、そのデータを時系列に特化したデータストレージである**Amazon Timestream**に保存します。Amazon Timestreamに保存したデータを**Amazon Managed Grafana**を用いてダッシュボードを作成し可視化を行います。Amazon Managed GrafanaはオープンソースのGrafanaをベースとしたフルマネージドサービスで、運用データを簡単に可視化し、分析できるようにするサービスです。

● 作成する可視化システムの構成

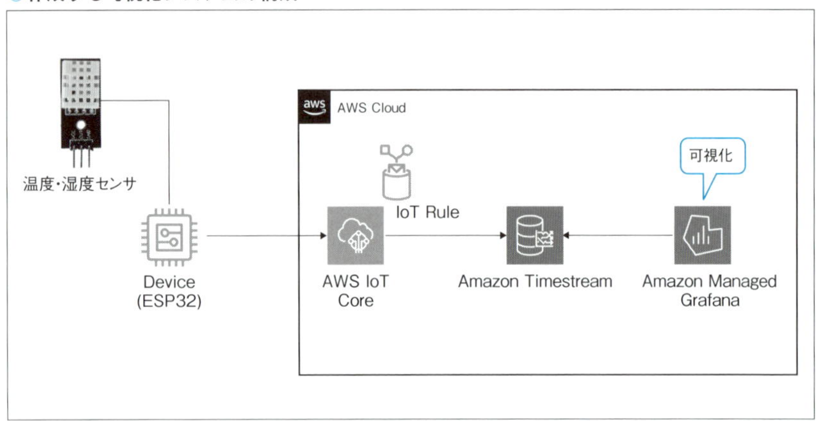

Column

Amazon DynamoDB と Amazon Timestream の違いについて

IoT センサーデータの保存先として考えられる選択肢に **Amazon DynamoDB** と **Amazon Timestream** があります。どちらもスキーマレスなストレージで、データベースのスキーマを事前にかっちり決めておく必要はないため、センサーからの時系列データを格納する用途で使用されます。両者とも従量課金で、自動的にスケールさせることができるなど共通点も多いです。それでは、それぞれをどのように使い分ければよいのでしょうか？ここでは、Amazon DynamoDB と Amazon Timestream の違いについて見ていきます。

まず、Amazon Timestream の特徴として挙げられる点は、時系列データの処理に特化していることです。ビルトインされている時系列関数で、指定した時間間隔で集計処理を丸めることや、欠損値を補完することが簡単に実行できます。また、Amazon DynamoDB に比べて、Amazon Timestream はより柔軟な検索が可能という特徴もあります。Amazon Timestream ではタイムスタンプ、ディメンション、メジャーを指定した検索ができます。そして、クエリにSQLを利用することができるのでSQLを使った集計処理が可能です。Amazon DynamoDBでクエリを実行するためにはインディックスが必須になりますし、インディックスを用いたクエリでもAmazon Timestreamほどの柔軟性はなく、クエリで取得したアイテムをアプリケーション側で集計する必要があります。

一方で、Amazon DynamoDBにできてAmazon Timestreamにできないこととしては、以下の4点があげられます。

- Amazon DynamoDBではレコードの削除が可能ですが、Amazon Timestreamでは手動でのレコードの削除は行えず、レコードの削除が行えるのはデータ保持期間経過後の自動削除だけです
- Amazon DynamoDBではオンデマンドバックアップ、ポイントインタイムリカバリを用いてバックアップ・リストアが可能ですが、Amazon Timestreamでは、データベースのバックアップ・リストアの機能がありません
- Amazon DynamoDBではトランザクションを管理する仕組みがありますが、Amazon Timestreamにはトランザクションのサポートがありません
- Amazon DynamoDBでは、数値、文字列、バイナリ、ブール、リスト、マップ、セット等のデータ型がサポートされますが、Amazon Timestreamでは、サポートしているデータ型がBIGINT, BOOLEAN, DOUBLE, VARCHARの4種類に限られます

また、Amazon DynamoDBは歴史が長く、これまでさまざまなアプリケーションで利用されているのでさまざまなユースケースに対応してきた実績がある、というのも利点の1つです。コストについては単純比較はできないので、自身のユースケースでどのように使用するのかを考えてAWS Pricing Calculator（https://calculator.aws/#/）で計算するのが良いでしょう。実際に使用する場合には、これらの条件を加味してどちらのストレージを使用するか決めることになります。表に主な違いをまとめました。

◉Amazon Timestream と Amazon DynamoDBの比較

サービス	概要	できること、得意なこと	できないこと、不得意なこと
Amazon Timestream	時系列専用データベース	・時系列に特化した処理 ・SQLを使用した集計処理 ・柔軟な検索性（タイムスタンプ、ディメンション、メジャーを指定した検索）	・手動でのレコードの削除 ・データベースのバックアップ・リストア ・トランザクションのサポートがない ・サポートしているデータ型が BIGINT, BOOLEAN, DOUBLE, VARCHAR の4種類に限られる
Amazon DynamoDB	key-value型 NoSQL データベース	・これまでの様々なユースケースでの使用実績 ・手動でのレコードの削除が可能 ・オンデマンドバックアップ、ポイントインタイムリカバリを用いてバックアップ・リストアが可能 ・トランザクションのサポート	・時系列に特化したような集計機能はない ・パーティションキーやソートキーを利用してクエリが可能だが、クエリに制約がありTimestreamほどの自由度がない

4-2 デバイス側のプログラムの作成

デバイス側でDHT11のセンサーから温度、湿度の値を取得して、それをAWSに送信するプログラムを作成します。3章で行ったのと同様に、esp-aws-iotに含まれている「Hello World」を送信するサンプルプログラムを改造して作成していきます。

```
cd ~/esp/esp-aws-iot/examples/mqtt
cp -a tls_mutual_auth dht11
cd dht11
```

ESP-IDFの環境でDHT11からデータを取得できるドライバとして、“ESP32-DHT11”があります。(https://github.com/Anacron-mb/esp32-DHT11)。今回は“ESP32-DHT11”を利用して温度、湿度データを取得していきます。ESP32-DHT11のREADMEから、以下の手順で温度データを湿度データを取得できることがわかります。

- [esp]/esp-idf/componentsのフォルダにESP32-DHT11をクローンする
- dht11.hをインクルードする
- DHT11_read()の関数を呼び出す

まずは、ESP-IDFのcomponentとしてESP32-DHT11をクローンします。

```
cd ~/esp/esp-idf/components
git clone https://github.com/Anacron-mb/esp32-DHT11
```

Windows環境の場合はcd C:\Espressif\frameworks\esp-idf-v4.4.7\componentsのように読み替えてください

サンプルプログラムのフォルダ(esp/esp-aws-iot/examples/mqtt)に戻り、必要な修正を加えていきます。はじめに、esp32-DHT11をライブラリとして使えるようにmain/CMakeLists.txtにパスを追加します。パスはWindows/macOS等の環境によって異なりますので、以下、自身の開発環境のcomponents以下のパスになるように以下、相対パスを置き換えてください(Windows環境の場合には、“./../../../../../esp-idf-v4.4.7/components/esp32-DHT11/dht11.c”のような相対パスになります。"../"は一つ上のディレクトリ階層に移動することを意味します)。

▼ **dht11/main/CMakeLists.txt**

```
set(COMPONENT_SRCS
    "app_main.c"
```

```
    "mqtt_demo_mutual_auth.c"
    "./../../../../../esp-idf/components/esp32-DHT11/dht11.c"
    )

set(COMPONENT_ADD_INCLUDEDIRS
    "."
    "./../../../../../esp-idf/components/esp32-DHT11/include/"
    "${CMAKE_CURRENT_LIST_DIR}"
    )

idf_component_register(SRCS "${COMPONENT_SRCS}"
                       INCLUDE_DIRS ${COMPONENT_ADD_INCLUDEDIRS}
                      )
```

次に、main/mqtt_demo_mutual_auth.cを編集して、dht11.hをインクルードし、DHT11_read()にてデータを読み出します。この状態では、DHT11_read()にて温度・湿度データは読み出せますが、小数点以下の値が丸められた整数値でしかデータを取得できませんでした。これは、dht11.hにて定義されているデータの構造体が以下のように温度、湿度共にintの値として定義されいるためです。

▼ dht11.hのデータ構造体

```
struct dht11_reading {
    int status;
    int temperature;
    int humidity;
};
```

DHT11のデータシートを確認すると、通信のプロセスについては以下のように記載されています。

"Data consists of decimal and integral parts. A complete data transmission is 40bit, and the sensor sends higher data bit first.

Data format: 8bit integral RH data + 8bit decimal RH data + 8bit integral T data + 8bit decimal T data + 8bit check sum."

つまり、40bit: 5Byteをシングルワイヤーのシリアル通信で通信しており、湿度の整数部、湿度の小数部、温度の整数部、温度の小数部、チェックサム、の順に送信していて、デバイス自体は小数値も含めて返しているようです。そこで、ESP32-DHTのドライバを以下のように改造して、小数部分も含めて取得できるようにします。~/esp/esp-idf/components/esp32-DHT11のinclude/dht11.hとdht11.cを以下のように変更します。

▼ **include/dht11.h**

```
struct dht11_reading {
    int status;
    //int temperature;
    //int humidity;
    float temperature;
    float humidity;
};
```

▼ **dht11.c**

```
    if(_checkCRC(data) != DHT11_CRC_ERROR) {
        last_read.status = DHT11_OK;
        //last_read.temperature = data[2];
        //last_read.humidity = data[0];
        //小数部分も含めて取得できるように設定
        last_read.temperature = (float)data[2]+(float)data[3]/10;
        last_read.humidity = (float)data[0] + (float)data[1]/10;
        return last_read;
    } else {
        return last_read = _crcError();
    }
```

これで小数点以下も取得できるようになったので、ライブラリの準備は完了しました。サンプルプログラムのフォルダに戻り、main/mqtt_demo_mutual_ auth.cに修正を加えます。まず、dht11.hをインクルードします。

▼ mqtt_demo_mutual_auth.c

```
/* dht11*/
#include "dht11.h"
```

次に、MQTT_EXAMPLE_TOPICに対してパブリッシュを行う関数publishToTopicにおいて、DHT11_init()にてGPIO番号の指定を行い、DHT11_read()でデータを取得し、それをMQTT通信のペイロードに入れてパブリッシュします。

▼ mqtt_demo_mutual_auth.c

```
static int publishToTopic( MQTTContext_t * pMqttContext )
{
    int returnStatus = EXIT_SUCCESS;
    MQTTStatus_t mqttStatus = MQTTSuccess;
    uint8_t publishIndex = MAX_OUTGOING_PUBLISHES;

    assert( pMqttContext != NULL );

    /* Get the next free index for the outgoing publish. All QoS1 outgoing
     * publishes are stored until a PUBACK is received. These messages 
are
     * stored for supporting a resend if a network connection is broken 
before
     * receiving a PUBACK. */
    returnStatus = getNextFreeIndexForOutgoingPublishes( &publishIndex );

    if( returnStatus == EXIT_FAILURE )
    {
        LogError( ( "Unable to find a free spot for outgoing PUBLISH 
message.\n\n" ) );
    }
    else
    {
```

```
        DHT11_init(4);
        //センサーから温度湿度データを取得
        struct dht11_reading dht_data = DHT11_read();

        LogInfo( ( "get dht11 data. status: %d temp: %.2f humid %.2f 
\n", dht_data.status, dht_data.temperature, dht_data.humidity) );

        char buffer[100];
        // bufferに取得した温度湿度データを格納
        char *p = buffer;
        sprintf(p, "{ \"status\": %d, \"temp\": %.2f, \"humid\": %.2f}\
n", dht_data.status, dht_data.temperature, dht_data.humidity);
        /* This example publishes to only one topic and uses QOS1. */
        printf(p);

        outgoingPublishPackets[ publishIndex ].pubInfo.qos = MQTTQoS1;
        outgoingPublishPackets[ publishIndex ].pubInfo.pTopicName 
= MQTT_EXAMPLE_TOPIC;
        outgoingPublishPackets[ publishIndex ].pubInfo.topicNameLength 
= MQTT_EXAMPLE_TOPIC_LENGTH;
          //publishするデータにbufferのデータを指定
        outgoingPublishPackets[ publishIndex ].pubInfo.pPayload = p;
        outgoingPublishPackets[ publishIndex ].pubInfo.payloadLength 
= strlen(p);

        /* Get a new packet id. */
        outgoingPublishPackets[ publishIndex ].packetId 
= MQTT_GetPacketId( pMqttContext );


            /* Send PUBLISH packet. */
            mqttStatus = MQTT_Publish( pMqttContext,
                                       &outgoingPublishPackets[ 
publishIndex ].pubInfo,
                                       outgoingPublishPackets[ 
publishIndex ].packetId );
        if( mqttStatus != MQTTSuccess )
```

```
        {
            LogError( ( "Failed to send PUBLISH packet to broker with ⏎
error = %s.",
                        MQTT_Status_strerror( mqttStatus ) ) );
            cleanupOutgoingPublishAt( publishIndex );
            returnStatus = EXIT_FAILURE;
        }
        else
        {
            LogInfo( ( "PUBLISH sent for topic %.*s to broker with ⏎
packet ID %u.\n\n",
                       MQTT_EXAMPLE_TOPIC_LENGTH,
                       MQTT_EXAMPLE_TOPIC,
                       outgoingPublishPackets[ publishIndex ].packetId ⏎
) );
        }
    }

    return returnStatus;
}
```

これでサンプルプログラムの修正は完了しました。

一度idf.py fullcleanを行った後、idf.py menuconfigを行い、WifiやMQTT Brokerのエンドポイント等の各種設定を行った後で以下のようにビルドし、デバイスに焼き込みます。

```
idf.py -p [PORT] build flash monitor
```

正しく焼き込まれると、ターミナル上に以下のように表示され、温度・湿度データがセンサーから小数点以下も含めて取得され、そのデータが定期的にパブリッシュされている様子が表示されます。

```
Incoming Publish message Packet Id is 1.
Incoming Publish Message : { "status": 0, "temp": 26.50, "humid": 95.00}
```

```
.

I (102106) coreMQTT: Delay before continuing to next iteration.

I (103106) coreMQTT: Sending Publish to the MQTT topic esp32-thing/↙
example/topic.
I (104126) coreMQTT: get dht11 data. status: 0 temp: 26.50 humid 95.00

{ "status": 0, "temp": 26.50, "humid": 95.00}
I (104136) coreMQTT: PUBLISH sent for topic esp32-thing/example/topic ↙
to broker with packet ID 17.

I (104216) coreMQTT: Ack packet deserialized with result: MQTTSuccess.
I (104216) coreMQTT: State record updated. New state=MQTTPublishDone.
I (104216) coreMQTT: PUBACK received for packet id 17.

I (104226) coreMQTT: Cleaned up outgoing publish packet with packet id 17.

I (104236) coreMQTT: De-serialized incoming PUBLISH packet: ↙
DeserializerResult=MQTTSuccess.
I (104246) coreMQTT: State record updated. New state=MQTTPubAckSend.
I (104246) coreMQTT: Incoming QOS : 1.
I (104256) coreMQTT: Incoming Publish Topic Name: esp32-thing/example/↙
topic matches subscribed topic.
Incoming Publish message Packet Id is 1.
Incoming Publish Message : { "status": 0, "temp": 26.50, "humid": 95.00}
```


AWSマネジメントコンソールを開き、AWS IoT CoreのページのMQTTテストクライアントから、"esp32-thing/example/topic" のTopicをサブスクライブすると、以下のように定期的に温度・湿度データが送信されてきていることが確認できます。よく観察していると、通常は "status" が0でパブリッシュされますが、たまに“status”が“-2”となって、無効な温度・湿度データが送信されていることがあります。これはチェックサムがエラーになったデータであるため、取り除く必要があります。このような外れ値の除外の作業はデータ分析や機械学習で前処理としてしばしば必要になる工程です。もちろんデバイス側のプログラムで取り除いても良いですが、今回は後に、ルールエンジンで取り除く方法を紹介します。

◉AWSマネジメントコンソール上で温度・湿度データを確認

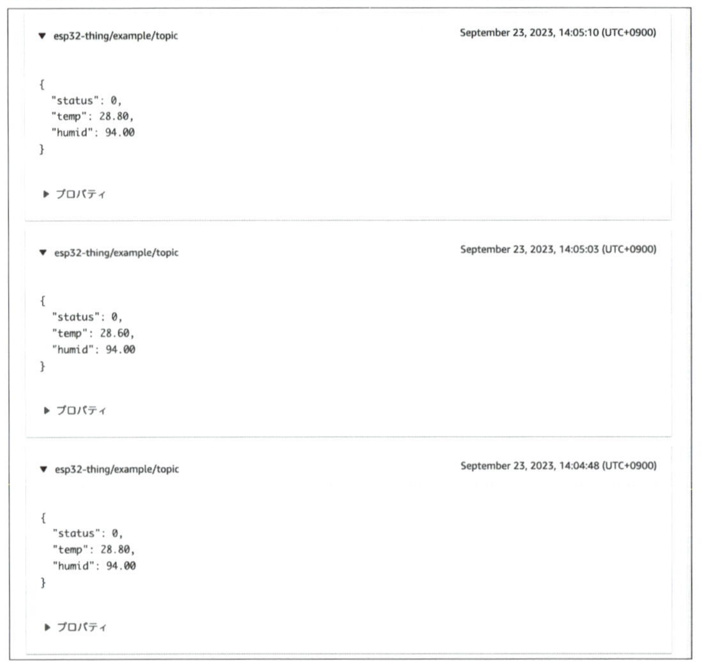

4-3 データのAmazon Timestreamへの保存

AWS IoT Coreにて受信したデータをルールエンジンを使ってAmazon

Timestreamへ転送し、保存します。AWSマネジメントコンソールからAmazon Timestreamのページを開き、以下の操作を行います。

Amazon Timestreamの設定

1 データベースの作成

- Timestream for LiveAnalyticsを選択した状態で“データベースを作成”ボタンをクリック
- データベース作成のページが開くので、“標準データベース”を選択
- 適切な名前を入力（ここでは、esp32dataとしました）
- 暗号化、タグはデフォルトのまま
- “データベースを作成”をクリック

●Timestreamデータベースの作成

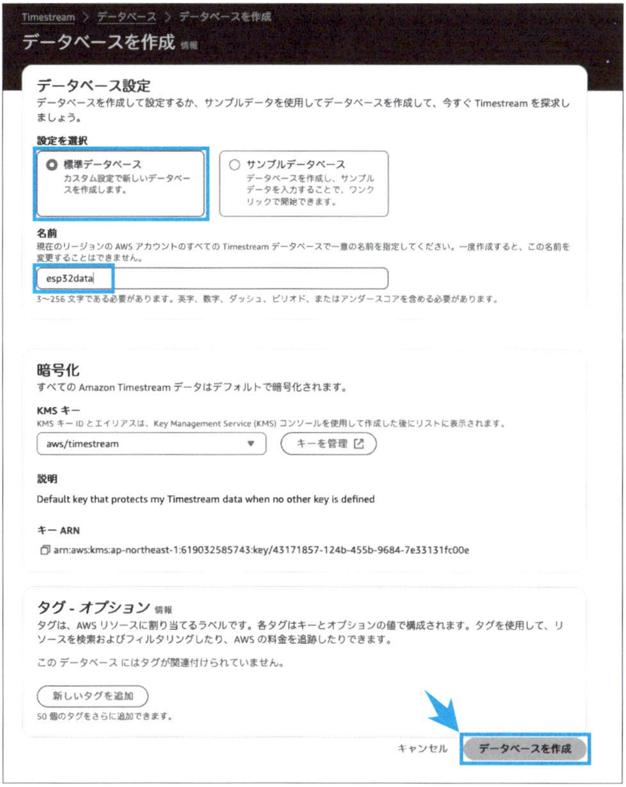

2 テーブルの作成

テーブルの作成を行います。

- 左側のメニューの“テーブル”から“テーブルの作成”ボタンをクリック
- データベース名は先ほど作成したデータベース名を選択
- テーブル名に適切なテーブルの名前を入力（ここではtemp_humid_tableとしました）
- “スキーマの設定”で、パーティションキー設定として、“カスタムパーティショニング”を選択
- パーティションキータイプに“ディメンション”を選択
- パーティションキー名を“deviceid”と入力
- “データ保持”の設定はデフォルトのまま設定

今回はデータの保持設定はデフォルトのまま、メモリストアの保持期間を12時間、マグネティックストアの保持期間を10年としました。

- マグネティックストレージの書き込みは有効化しない設定
- このテーブルのバックアップをオンにするのチェックを外す
- “テーブルを作成”をクリック

●Timestreamテーブルの作成

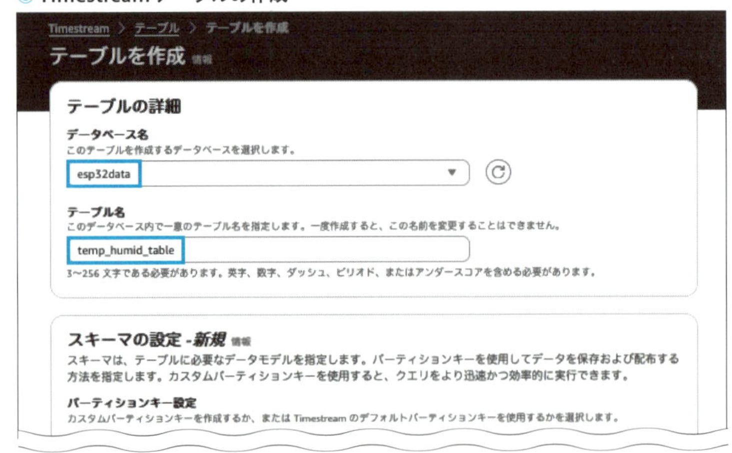

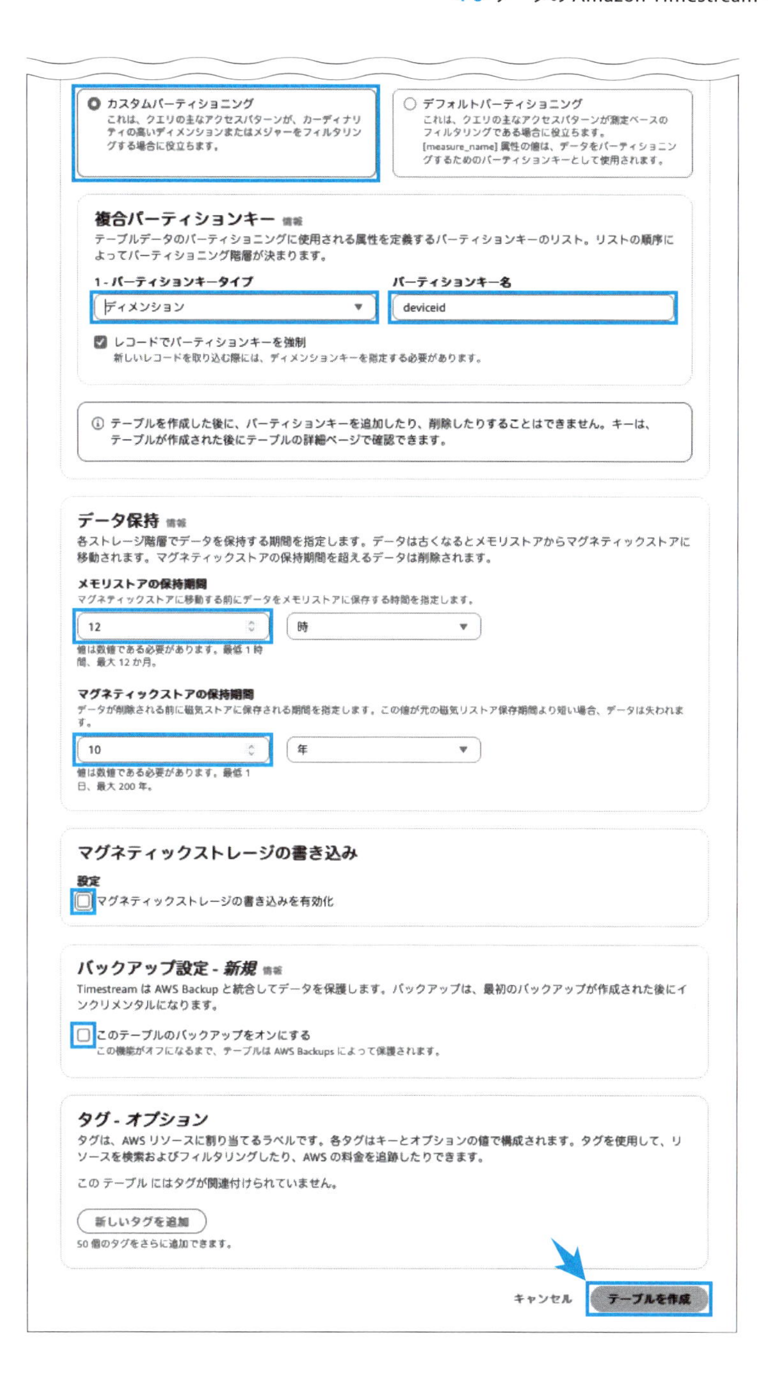
カスタムパーティショニング
これは、クエリの主なアクセスパターンが、カーディナリティの高いディメンションまたはメジャーをフィルタリングする場合に役立ちます。
デフォルトパーティショニング
これは、クエリの主なアクセスパターンが測定ベースのフィルタリングである場合に役立ちます。
[measure_name] 属性の値は、データをパーティショニングするためのパーティションキーとして使用されます。
複合パーティションキー 情報
テーブルデータのパーティショニングに使用される属性を定義するパーティションキーのリスト。リストの順序によってパーティショニング階層が決まります。
1 - パーティションキータイプ
ディメンション
パーティションキー名
deviceid
レコードでパーティションキーを強制
新しいレコードを取り込む際には、ディメンションキーを指定する必要があります。
テーブルを作成した後に、パーティションキーを追加したり、削除したりすることはできません。キーは、テーブルが作成された後にテーブルの詳細ページで確認できます。
データ保持 情報
各ストレージ階層でデータを保持する期間を指定します。データは古くなるとメモリストアからマグネティックストアに移動されます。マグネティックストアの保持期間を超えるデータは削除されます。
メモリストアの保持期間
マグネティックストアに移動する前にデータをメモリストアに保存する時間を指定します。
12
時
値は数値である必要があります。最低 1 時間、最大 12 か月。
マグネティックストアの保持期間
データが削除される前に磁気ストアに保存される期間を指定します。この値が元の磁気リストア保存期間より短い場合、データは失われます。
10
年
値は数値である必要があります。最低 1 日、最大 200 年。
マグネティックストレージの書き込み
設定
マグネティックストレージの書き込みを有効化
バックアップ設定 - 新規 情報
Timestream は AWS Backup と統合してデータを保護します。バックアップは、最初のバックアップが作成された後にインクリメンタルになります。
このテーブルのバックアップをオンにする
この機能がオフになるまで、テーブルは AWS Backups によって保護されます。
タグ - オプション
タグは、AWS リソースに割り当てるラベルです。各タグはキーとオプションの値で構成されます。タグを使用して、リソースを検索およびフィルタリングしたり、AWS の料金を追跡したりできます。
この テーブル にはタグが関連付けられていません。
新しいタグを追加
50 個のタグをさらに追加できます。
キャンセル
テーブルを作成

Column

メモリストアとマグネティックストア

Amazon Timestreamはデータのライフサイクルを直近のデータの**メモリストア**と履歴データの**マグネティックストア**という2つのストレージ階層で管理しています。データがAmazon Timestreamに送られてくると、まずメモリストアがそれを受けて書き込み、設定した保持期間にしたがってデータはメモリストアからマグネティックストアに移動されます。メモリストアは高スループットでのデータ書き込みができ、比較的少量のデータに対する高速なクエリに最適化されています。一方で、マグネティックストアはメモリストアよりも大きなデータに対してクエリを投げ高速に分析をするという使い方が想定されているため、読み取りに最適化されています。現在から見てどのくらい前までのデータを高速にクエリしたいかということを考慮してメモリストア、マグネティックストアの保持期間を決める必要があります。また、「マグネティックストレージへの書き込み」という設定項目がありますが、これはメモリストアを経由せずにマグネティックストアへの書き込みを可能にするというオプションです。この設定項目がオフの場合には、メモリストアの保持期間より前のデータはメモリストアに書き込むことができませんが、この設定をオンにすることで直接マグネティックストアに書き込むことができるようになります。

AWS IoT Coreの設定

次に、AWS IoT Coreのページに移動し、ルールの作成を行います。

1 IoTルールの作成

- 左側のメニューから“メッセージのルーティング”>“ルール”>“ルールの作成”をクリック

3章でDynamoDBへのデータ送信で行ったのと同様に、ルール名の入力、SQLステートメントの設定、ルールアクションの設定を行います。

2 ルールのプロパティを指定

- ルール名を“send_temp_humid_to_timestream”と入力
- “次へ”をクリック

3 SQLステートメントを設定

“status”が0のもの以外は外れ値として除外するように、以下のように入力します。

▼ SQLステートメント

```
SELECT temp as temperature, humid as humidity FROM 'esp32-thing/example/
topic' WHERE status = '0'
```

4 ルールアクションの設定

- アクションのドロップダウンメニューから“Timestream table”を選択
- 先程作成したデータベース名、テーブル名を選択
- “ディメンション名”に“deviceid”と入力
- ディメンションの値に“${topic(1)}”と入力
- IAMロールの設定で“新しいロールを作成”ボタンをクリックして新しいロールを作成（ここでは、timestream_rule_role としました）
- 作成したロールを選択
- 設定値を確認後、“作成”ボタンをクリック

● IoTルールの設定

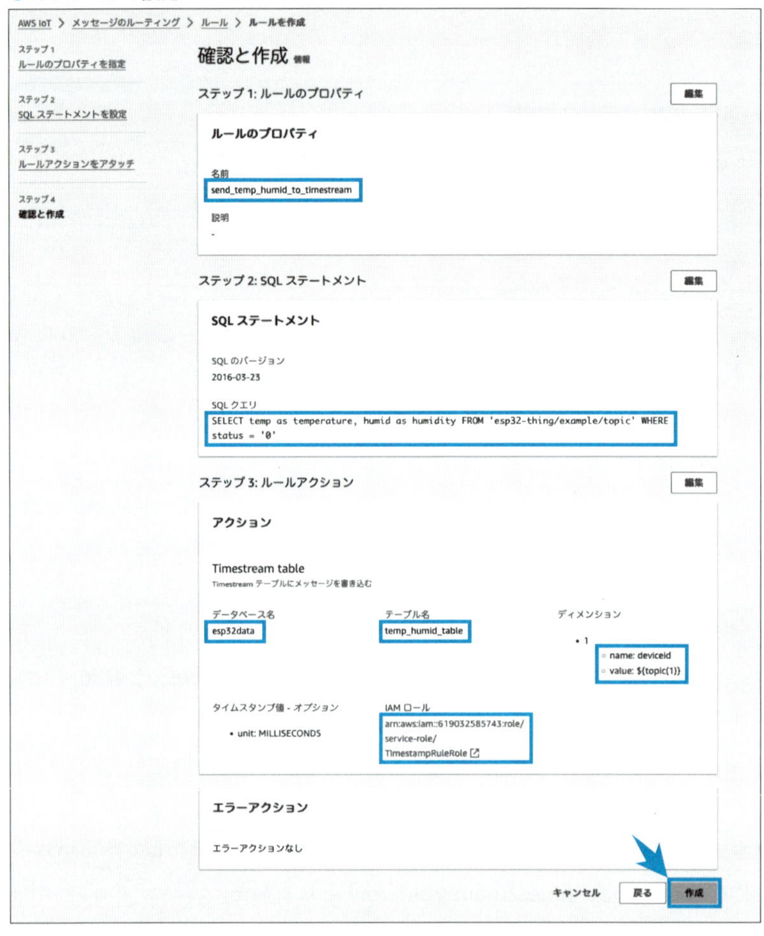

正しくルールエンジンが設定されて、Amazon Timestreamにデータが転送されているかどうか確認しましょう。Amazon Timestreamのページに戻り、以下のように確認します。

- テーブル名“temp_and_humid_table”を選択
- 右上の“アクション”から“クエリテーブル”を選択

- デフォルトのクエリとして
  “SELECT * FROM "esp32data"."temp_humid_table" WHERE time between ago(15m) and now() ORDER BY time DESC LIMIT 10”
  と入力されているので、“実行” ボタンを押す

以下のようにTimestreamのテーブルに温度・湿度データが入力されていることが確認できます。正しくデータが入っていなかった場合、デバイスからデータが送信されているかどうか、ルールエンジンやテーブル名に誤りがないかどうかを確認してください。

● Timestreamのテーブルにデータが入っていることを確認

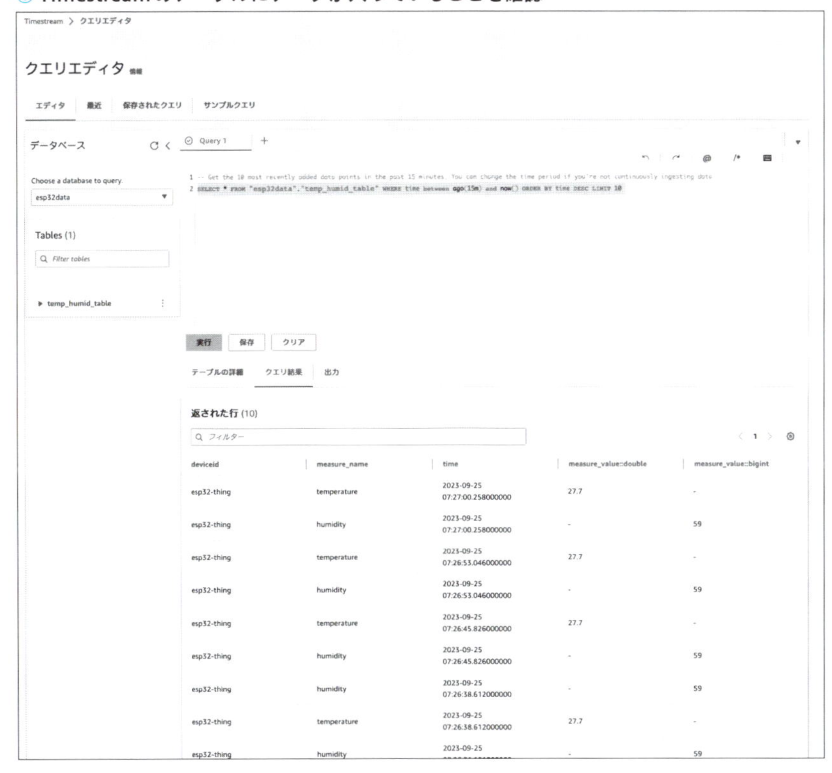

4-4 Amazon Managed Grafanaによる可視化

　Amazon Timestreamに保存されたデータをAmazon Managed Grafanaにより可視化していきます。AWSマネジメントコンソールからAmazon Managed Grafanaのページを開き、以下のように操作を行います。

1 ワークスペースを作成

- “ワークスペースの作成”をクリック

2 ワークスペースの詳細を指定

　ワークスペース詳細を指定する画面に遷移しますので、以下のように設定します。

- 適切なワークスペース名（ここではESP32Workspaceとしました）を入力
- Grafanaのバージョンは“9.4”を選択
- “次へ”をクリック

3 設定を構成

　“設定を構成”のページに遷移するので以下のように設定します。

- “認証アクセス”にて“AWS IAM IDセンター（AWS SSOの後継）”にチェック
- “アクセス許可タイプ”で“サービスマネージド”を選択
- “ワークスペース設定オプション”にて“プラグイン管理をオンにする”を選択
- あとはデフォルトのまま“次へ”をクリック

● Amazon Managed Grafanaのワークスペースの設定

4 サービスマネージド型のアクセス許可設定

サービスマネージド型のアクセス許可設定のページに遷移するので、以下のように設定します。

- アカウントアクセス指定方法に“現在のアカウント”を選択
- データソースとして“Amazon Timestream”にチェック
- 通知チャネルの箇所で“Amazon SNS”にチェック
- “次へ”をクリック

全体の設定を確認した後、“ワークスペースを作成”をクリックします。

●アクセス許可設定

しばらくするとワークスペースの作成が完了し、Grafanaワークスペースの URLへのリンクが表示されます。ユーザーがワークスペースのURLにアクセスできるように新しいユーザーをGrafanaワークスペースに割り当てます。Amazon Managed GrafanaのユーザーはIAM Identity Centerで管理することができるので、IAM Identify Centerのページへ移動し、ユーザーを作成します。

5 IAM Identity Centerでのユーザの作成

- IAM Identify Centerのページの左側のメニューから"ユーザー" > "ユーザーを追加"をクリック
- ユーザー名やEメールアドレスなど必要事項を記入
- "次へ"をクリック
- ユーザーをグループに追加のページでは何もせずに"次へ"をクリック
- 設定内容を確認し"ユーザーを追加"をクリック

●ユーザーの追加

IAM Identity Center > ユーザー > ユーザーを追加

ステップ 1
ユーザーの詳細を指定

ステップ 2 - 任意
ユーザーをグループに追加

ステップ 3
ユーザーの確認と追加

ユーザーの詳細を指定

プライマリ情報

ユーザー名
このユーザー名は、このユーザーが AWS アクセスポータルにサインインするために必要です。ユーザー名は後で変更することはできません。
AWS Taro
最大長は 128 文字です。英数字または +=,.@-_ のいずれかを使用できます。

パスワード
このユーザーがパスワードを受け取る方法を選択します。詳細はこちら
パスワードの設定手順が記載された E メールをこのユーザーに送信します。
このユーザーと共有できるワンタイムパスワードを生成します。

E メールアドレス

E メールアドレスを確認

名
Taro

姓
AWS

表示名
これは通常、ワークフォースユーザーのフルネーム (姓名) で、検索可能であり、ユーザーリストに表示されます。
Taro AWS

▶ 追加の属性 - 任意

キャンセル 次へ

6 ユーザーとユーザーグループの設定

再びAmazon Managed Grafanaのページに戻り、以下のようにユーザーとユーザーグループの設定を行います。

- ワークスペースを選択
- AWS IAM IDセンターの“ユーザーとユーザーグループの設定”をクリック

●ユーザーとユーザーグループの設定

- 作成したユーザーのチェックボックスにチェックを入れ、“ユーザーとグループを割り当て”をクリック

◉ユーザーの割り当て

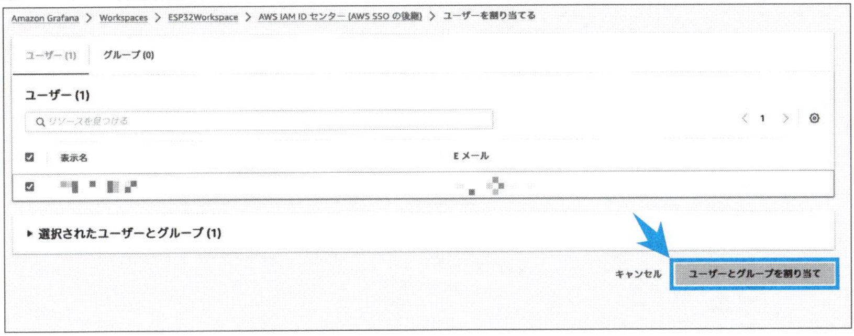

デフォルトでは“閲覧者”としてユーザーが作成されるので、右上のアクションのドロップダウンから“管理者を作成する”を選択し、作成したユーザーを管理者に設定します。

- ドロップダウンから“管理者を作成する”を選択

7 サインイン

以下のようにサインインを行います。

- Grafanaワークスペースのリンクをクリック
- “Sign in with AWS IAM Identity Center” をクリック
- 作成した管理者ユーザーのメールアドレスでサインイン

サインインすると、以下のようなGrafanaの画面が立ち上がります。

●Amazon Managed Grafanaの初期画面

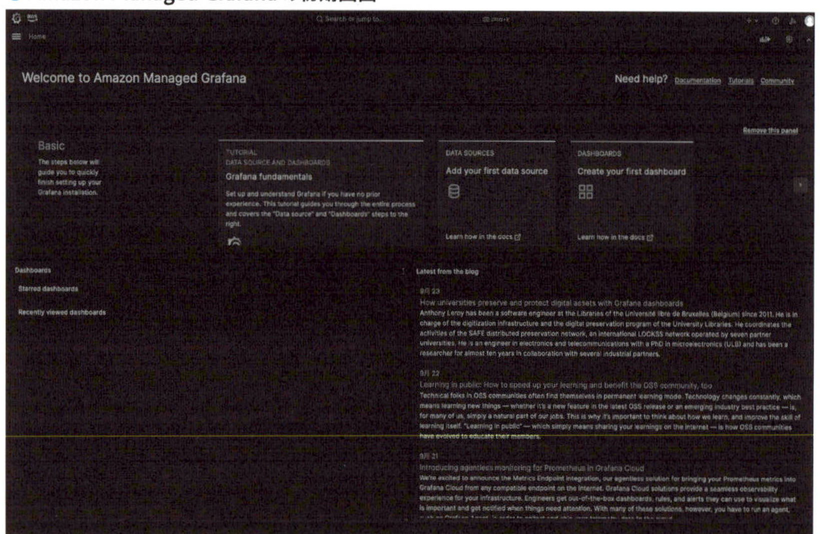

8 データソースの追加

以下のように、Amazon Timestreamをデータソースとして追加します。

- 一度、AWSマネジメントコンソールの画面にもどり、作成したワークスペースの“データソース”のタブから、Amazon Timestreamの箇所にある“Grafanaで設定”のリンクをクリック

Amazon Timestreamのデータソースとしての設定

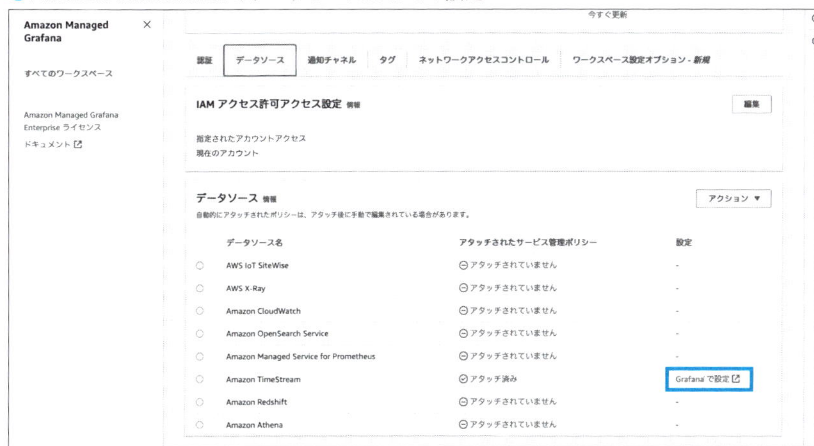

- Amazon Managed Grafana上のAWS Data Sourcesの画面に遷移するので、AWS Servicesのタブから、Timesteamを選択
- “Install now” ボタンをクリック

ページが遷移するので内容を確認して、最新のバージョンをインストールします。

●Timestreamのプラグインをインストール

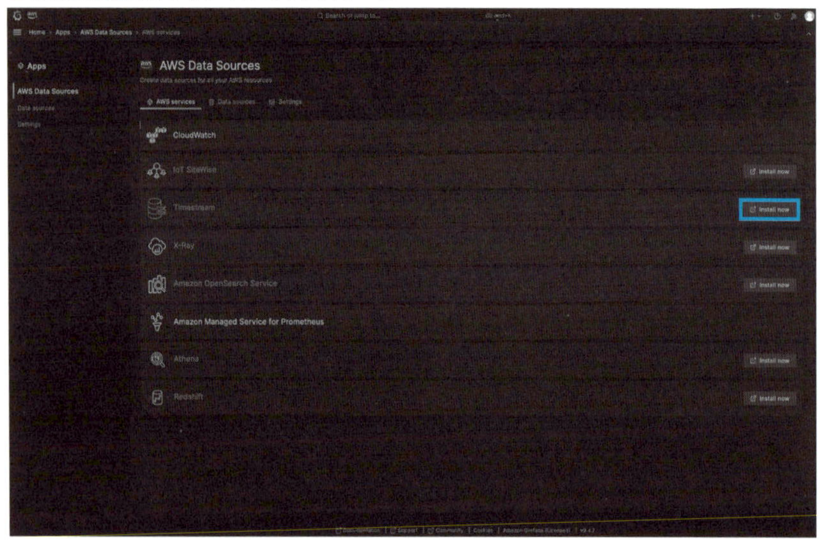

Timesteamのプラグインのインストールを行うと、左側のメニューの"Administration" > "Data sources" から "+Add new data sources" ボタンをクリックした画面でAmazon Timestreamが選択できるようになるので、Amazon Timestreamを選択します。

- Data SourceとしてAmazon Timestreamを選択

◉データソースの追加

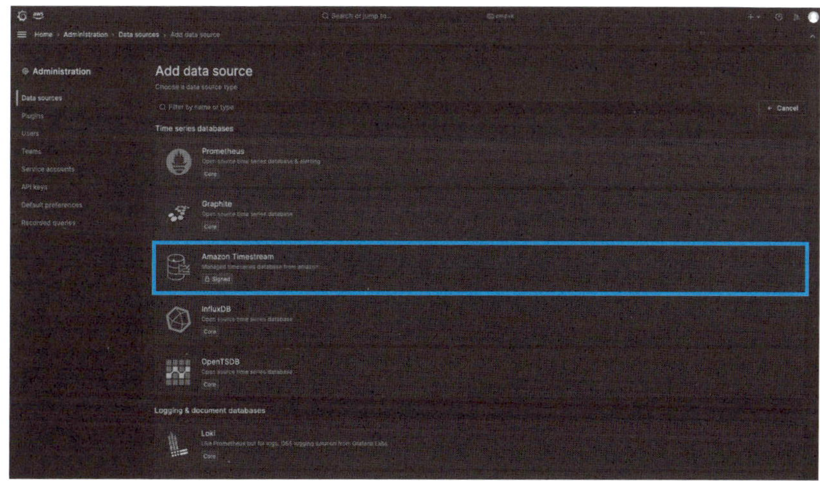

- Authentication Providerに“Workspace IAM Role”を選択
- Default Regionは使用しているリージョン（ここではap-northeast-1）を選択
- Timestream Detailsの箇所で、データベース名、テーブル名を選択
- Measureには“temperature”を選択
- “Save & Test”をクリック

正しく接続できた場合には“Connection success”と表示されます。

◉Amazon Timestreamをデータソースとして追加

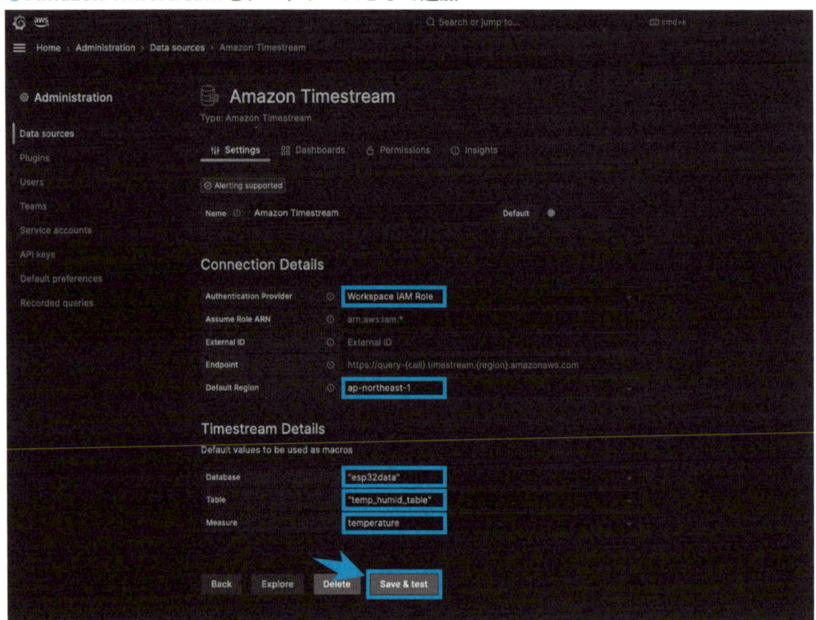

9 パネルの追加

次に以下のようにパネルを追加します。

- 左側のメニューから"Dashboard"を選択
- Dashboardのページを開き、"New" > "New Dashboard"をクリック
- "Add a new panel"をクリック

● ダッシュボードにパネルを追加

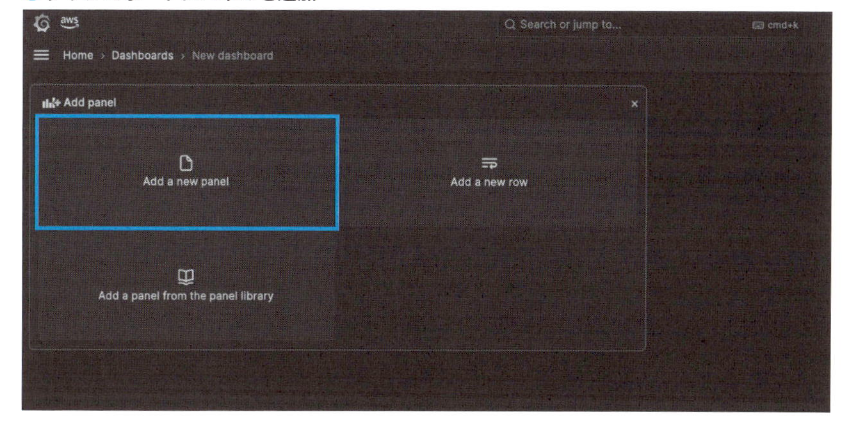

- Data sourceのドロップダウンから“Amazon Timestream”を選択
- Queryの欄に以下のように入力

▼ Query

```
select * FROM "esp32data"."temp_humid_table" WHERE measure_name='temperature' ORDER BY time
```

- 右側のメニューの“Visualization”から“Time series”を選択

クエリが重い場合は必要応じてクエリに“time between ago(1h) and now()”などを追加して取得するデータを限定しても良いです。

◉ Time seriesのビジュアライゼーションを追加

右側のメニューから最小値、最大値や表示上のオプションを設定できるので適宜設定します。同様に、湿度についても“Add a new Panel”からパネルを追加し、以下のようにQueryの欄に入力し、“Apply”ボタンをクリックします。

◉ **最小値、最大値を設定**

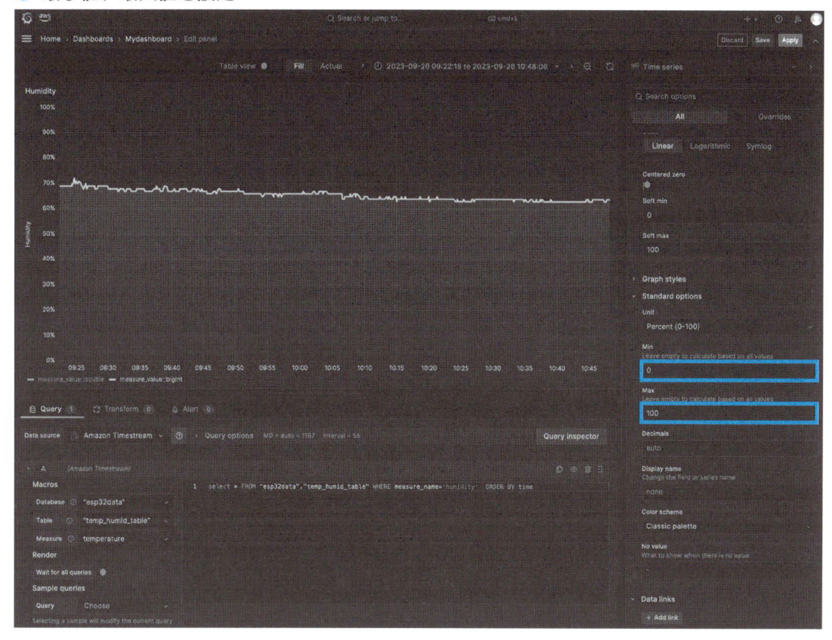

▼ **Query**

```
select * FROM "esp32data"."temp_humid_table" WHERE measure_name
='humidity' ORDER BY time
```

　最終的に、温度と湿度の2つのパネルが作成され、以下のようなダッシュボードを作成することができました。温度・湿度データをリアルタイムに近い形でモニタリングできます。作成されたダッシュボードは閲覧者権限の別のユーザーでAmazon Managed Grafanaにサインインしても閲覧することが可能です。

●作成されたダッシュボード

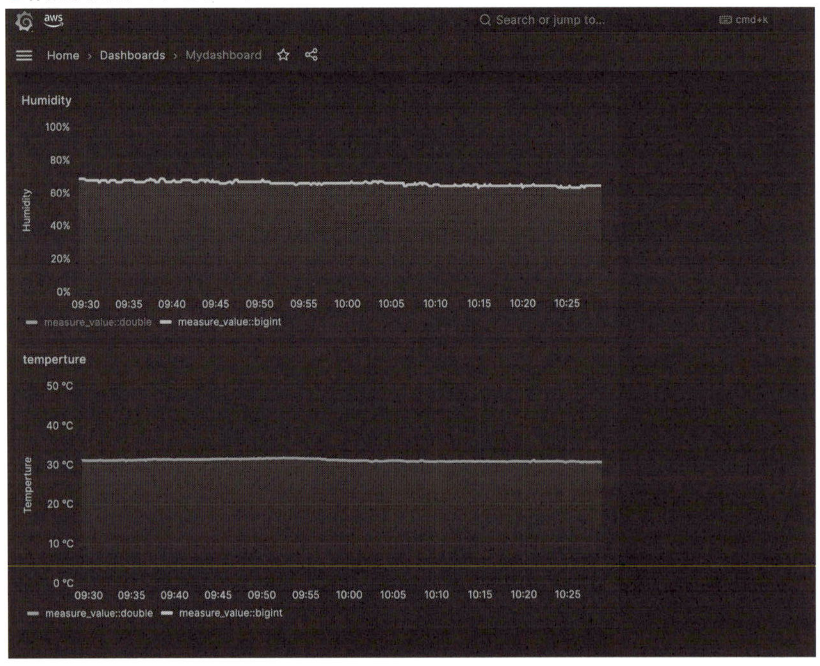

第5章

機械学習の適用（Amazon SageMaker）

本章ではセンサーデータ活用の応用例として、カスタマイズされた異常検知モデルを作成します。工場でのプロダクト生産において、プロダクト品質のばらつき抑制や納期厳守などの点でも、工場設備が正しく稼働しているかを監視・運用していくことは重要です。一方で、日々稼働する設備や機器すべてが正常に動き続けているかを把握することは困難を極めます。定期的・計画的な保全を行うことで突発的な設備の故障を未然に防ぐ取り組みが行われていますが、設備増設に伴うメンテナンスコストの増大や、定期的・計画的な保全では拾いきれない突発的な異常の発生により生産ラインを停止せざるを得なくなり、販売機会を損失するなど、大きなビジネスインパクトを与えることもあります。IoTを使ったセンサーデータの活用が進む近年では、設備にセンサーを取り付けて設備状態を常時把握した上で、機械学習技術を使って構築した異常検知モデルを用いて設備異常を監視し設備故障を未然に防ぐ、といった予兆保全の取り組みが行われており、メンテナンスコストの低減や保全計画の適正化など多くのメリットを得ています。AWSでは柔軟にカスタマイズされた機械学習モデルを作成する開発環境として**Amazon SageMaker**を提供しており、本章ではAmazon SageMakerを使ってイチから異常検知モデルを構築する方法を解説します。

本章では異常検知モデル構築だけにとどまらず、モデルを活用する予兆検知システム全体の構築を実践します。センサーから学習データや推論対象データを収集するデータ収集の仕組みの構築に加え、異常検知モデルの構築、異常検知モデルを使って異常兆候を判断し通知する異常通知の仕組みを構築します。なお、実際に収集するデータから異常を発生させるには時間がかかるため、オープンデータを使って異常検知モデルを構築します。データ収集部分はダミーデータによるデータ収集にとどまるため、不要な方は184ページ、5-3「SageMakerを使った異常検知モデルの構築」から読み始めてください。

5-1 Amazon SageMakerを利用した予兆検知システム

予兆保全システムを実現するための要件

予兆検知システムを構築する前に、まずは機械学習モデルを活用した予兆保全を実現するにあたって、どのような要件がありそうか考えてみましょう。現場でよくあるモデル利活用の要件としては、『設備状態に異常が発生した場合は関係者に通知したい』、『設備状態を必要なタイミングで把握したい』、『設備の異常箇所を特定したい』などが挙げられます。予知保全を実現する予兆検知システムには、要件によっていくつか実現方法があります。そのため、(1) **どのような異常を検知したいか**、(2) **異常通知を受け取った後にどのように対応するか**、(3) **対応の緊急性はどの程度か**、といった要件を事前に抽出する必要があります。今回は、扱う予兆検知システムの要件を以下のように仮定してみます。

- (1) 検知したい設備異常は、長期利用による劣化が原因となる異常とする
- (2) 異常通知後に対象設備を特定した上で劣化程度を確認、継続運転可能かの判断をし、交換部品の在庫確認と発注を実施する
- (3) 設備状態は日毎に状態を確認できればよく、緊急性は低い

これらの要件から設備状態監視は長期的な視点で監視し、異常の度合いによっては緊急対応の必要性が低いことがわかります。このようなケースでは、リアルタイムでのモデル推論は必要なく、異常通知も日次での実行で問題なさそうです。

予兆検知システムの構成

これらの要件を満たすアーキテクチャ例を図1に示します。今回は設備に加

速度センサーを取り付け、設備の振動データを**S3**に蓄積し続けることとします。蓄積されたデータは異常検知モデルの学習データや推論用データとして利用されます。また、図1の下部ではバッチ推論の実施と判定、メール通知を実施します。バッチ推論は前日に取得した加速度センサーデータに対してAmazon SageMakerのバッチ変換ジョブを使って実行され、Lambdaで推論結果を元に閾値判定、判定結果を**Amazon Simple Notification Service(SNS)**で登録されたメールアドレスに通知します。Amazon SNSは、複数の転送プロトコルを使用してサブスクライバーに通知を送信できる完全マネージド型のPub/Subメッセージングサービスです。推論・判定・通知の一連の処理は**AWS Step Functions**上のパイプラインで連結されて実行されます。AWS Step FunctionsはAWSのサービス機能などと統合してアプリケーションを構築できるサーバーレスオーケストレーションサービスです。このパイプラインは**Amazon EventBridge**を使って日次でスケジュール実行されるため、担当者は日毎に設備の状態を確認できます。Amazon EventBridgeはイベントを使用してアプリケーション同士を接続するサーバーレスサービスです。

●図1　異常検知モデルを利用した予兆検知システム

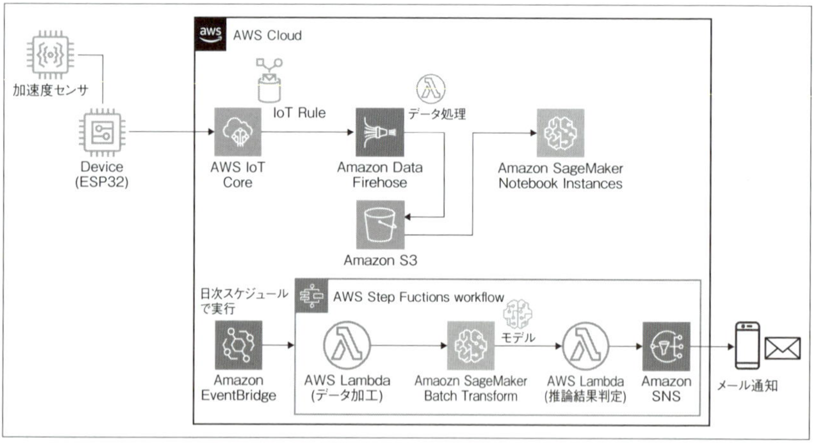

これで異常検知モデルを使った日次での異常通知は実現できます。一方で上記（2）の要件にあった“対象設備の特定”や“継続運転可能かの判断”はま

だ不十分な可能性があります。構築した異常検知モデルによっては、“故障した設備部品は何か”の特定ができないこともあり、各加速度センサーの生値を可視化して担当エンジニアに確認してもらう必要があります。これは4章の**Amazon Timestream**と**Amazon Managed Service for Grafana**を使った可視化の方法で実現できます。これにより、保全担当者は設備状態を日次で確認でき、異常発生時には、加速度センサー値の可視化画面を元に、担当エンジニアからの判断を仰ぐことで、対象部品の交換の判断ができます。

今回は要件に仮定を置いた上で図1のような予兆検知システムを構成しましたが、設備異常パターンによっては他にもさまざまな要件が考えられます。突発的な異常に対して緊急対応が必要なケースでは、推論をリアルタイムで実施する必要があります。また、さらに複雑なケースでは複数のモデルの判断結果から異常判定を行いたいという要件も出てきます。

Amazon SageMakerでは、さまざまな要件に対応するため、モデルのデプロイオプションが豊富にあります。今回紹介したバッチ変換（推論）のみならず、リアルタイム推論を実現する**Amazon SageMaker Endpoint**などのサービスも用意されており、どのサービスが適切かはその都度判断する必要があります。デプロイパターンの判断については、[1]の資料を参考に検討してみるとよいでしょう。

本章では図1のような予兆検知システムを実装します。まずは、デバイスからS3へのデータ収集の方法を解説します。その後、異常検知モデルの構築、異常検知モデルを利用した予兆検知の解説をします。

[1] AWSブログ“「もう悩まない！機械学習モデルのデプロイパターンと戦略」を解説する動画を公開しました！”：https://aws.amazon.com/jp/blogs/news/ml-enablement-series-dark05/

5-2 デバイスからS3へのデータ収集

今回は加速度センサーからデータを取得するケースを考えます。**ESP32**は加速度センサーから取得したデータをAWS IoT Coreに送信します。AWS IoT Coreのルールエンジンを利用して**Amazon Data Firehose**にデータ送信し、データを一定時間・サイズでバッファリング（例：60秒間、もしくは1MB）した上で、S3にファイルとして出力します。Amazon Data Firehoseは、S3を含むさまざまな宛先にリアルタイムストリーミングデータ配信するためのフルマネージドサービスです。Amazon Data Firehose内では、json形式で受け取ったデータをcsv形式に変換する処理をAWS Lambdaを使って実行し、csv形式のファイルをS3に蓄積します。バッファリングされた期間のデータが1ファイル（例：バッファリングが60秒であれば60秒間のデータが1つのファイルに含まれる）となり、複数ファイルがS3に蓄積されていきます。

デバイス側のプログラムの作成

デバイス側のプログラムは4章で紹介したDHT11センサーの構成と同様の構成で作成できます。加速度センサーは**ADXL345**が比較的安価に購入可能です。また、esp-idfのドライバについてもGitHubなどで公開されているものがあるため、それを参考にデータ取得可能です。ESP32からクラウドへのデータ送信は4章での手順と同様にMQTTでAWS IoT Coreに対して行います。今回はADXL345のデバイスを入手しなくても動作確認を行えるように、デバイス側のプログラムを改変して、ダミーの加速度センサーセータを取得できるようにして手順を確認していきます。これまでの手順と同様にesp-aws-iotに含まれている「Hello World」を改造してプログラムを作成します。

```
cd ~/esp/esp-aws-iot/examples/mqtt
cp -a tls_mutual_auth dummy_adxl345
cd dummy_adxl345
```

以下のように変更を加えます。

▼ mqtt_demo_mutual_auth.c

```
// 乱数生成用
#include "esp_random.h"
```

▼ mqtt_demo_mutual_auth.c

```
// データ格納用に構造体を追加
struct AcceData {
    float x;
    float y;
    float z;
};

//ダミーで加速度データを返す関数を追加
struct AcceData dummyGetAccelerometerData()
{
    struct AcceData data;
    u_int32_t random_data = esp_random();
    data.x = (1400 + 300 * ((float)random_data/(float)UINT32_MAX) )* ⏎
0.004;
    data.y = (1200 + 400 * ((float)random_data/(float)UINT32_MAX) )* ⏎
0.004;
    data.z = (900 + 400 * ((float)random_data/(float)UINT32_MAX) )* ⏎
0.004;
    return data;
}
static int publishToTopic( MQTTContext_t * pMqttContext )
{
    int returnStatus = EXIT_SUCCESS;
    MQTTStatus_t mqttStatus = MQTTSuccess;
    uint8_t publishIndex = MAX_OUTGOING_PUBLISHES;
```

```
    assert( pMqttContext != NULL );

    /* Get the next free index for the outgoing publish. All QoS1 outgoing
     * publishes are stored until a PUBACK is received. These messages ⏎
are
     * stored for supporting a resend if a network connection is broken ⏎
before
     * receiving a PUBACK. */
    returnStatus = getNextFreeIndexForOutgoingPublishes( &publishIndex );

    if( returnStatus == EXIT_FAILURE )
    {
        LogError( ( "Unable to find a free spot for outgoing PUBLISH ⏎
message.\n\n" ) );
    }
    else
    {
        //ダミーデータを取得
        struct AcceData data = dummyGetAccelerometerData();
        LogInfo( ( "get acce data. x: %.2f y: %.2f z: %.2f \n", data.x, ⏎
data.y, data.z) );

        char buffer[100];
        char *p = buffer;
         // bufferにダミーデータを格納
        sprintf(p, "{ \"x\": %.2f, \"y\": %.2f, \"z\": %.2f}\n", ⏎
data.x, data.y, data.z);
        /* This example publishes to only one topic and uses QOS1. */
        printf(p);

        outgoingPublishPackets[ publishIndex ].pubInfo.qos = MQTTQoS1;
        outgoingPublishPackets[ publishIndex ].pubInfo.pTopicName ⏎
= MQTT_EXAMPLE_TOPIC;
        outgoingPublishPackets[ publishIndex ].pubInfo.topicNameLength ⏎
= MQTT_EXAMPLE_TOPIC_LENGTH;
        // publishするデータにbufferのデータを指定
```

```
        outgoingPublishPackets[ publishIndex ].pubInfo.pPayload = p;
        outgoingPublishPackets[ publishIndex ].pubInfo.payloadLength ↩
= strlen(p);

        /* Get a new packet id. */
        outgoingPublishPackets[ publishIndex ].packetId ↩
= MQTT_GetPacketId( pMqttContext );


            /* Send PUBLISH packet. */
            mqttStatus = MQTT_Publish( pMqttContext,
                                       &outgoingPublishPackets[ ↩
publishIndex ].pubInfo,
                                       outgoingPublishPackets[ ↩
publishIndex ].packetId );
        if( mqttStatus != MQTTSuccess )
        {
            LogError( ( "Failed to send PUBLISH packet to broker with ↩
error = %s.",
                        MQTT_Status_strerror( mqttStatus ) ) );
            cleanupOutgoingPublishAt( publishIndex );
            returnStatus = EXIT_FAILURE;
        }
        else
        {
            LogInfo( ( "PUBLISH sent for topic %.*s to broker with ↩
packet ID %u.\n\n",
                       MQTT_EXAMPLE_TOPIC_LENGTH,
                       MQTT_EXAMPLE_TOPIC,
                       outgoingPublishPackets[ publishIndex ].packetId ) );
        }
    }

    return returnStatus;
}
```

一度idf.py fullcleanを行った後、idf.py menuconfigを行い、WifiやMQTT

Brokerのエンドポイント等の各種設定を行った後で以下のようにビルドし、デバイスに焼き込みます。

```
idf.py -p [PORT] build flash monitor
```

正しく焼き込まれると、ターミナル上に以下のように表示され、加速度ダミーデータが取得され、そのデータが定期的にパブリッシュされている様子が表示されます。

```
I (1733625) coreMQTT: Sending Publish to the MQTT topic esp32-thing/
example/topic.
I (1733625) coreMQTT: get acce data. x: 6.12 y: 5.49 z: 4.29

{ "x": 6.12, "y": 5.49, "z": 4.29}
I (1733635) coreMQTT: PUBLISH sent for topic esp32-thing/example/topic
to broker with packet ID 311.


I (1733705) coreMQTT: Ack packet deserialized with result: MQTTSuccess.
I (1733705) coreMQTT: State record updated. New state=MQTTPublishDone.
I (1733715) coreMQTT: PUBACK received for packet id 311.


I (1733715) coreMQTT: Cleaned up outgoing publish packet with packet id
311.


I (1733735) coreMQTT: De-serialized incoming PUBLISH packet:
DeserializerResult=MQTTSuccess.
I (1733735) coreMQTT: State record updated. New state=MQTTPubAckSend.
I (1733745) coreMQTT: Incoming QOS : 1.
I (1733745) coreMQTT: Incoming Publish Topic Name: esp32-thing/example/
topic matches subscribed topic.
Incoming Publish message Packet Id is 1.
Incoming Publish Message : { "x": 6.12, "y": 5.49, "z": 4.29}
```

```
.
I (1738815) coreMQTT: Delay before continuing to next iteration.
```

以上で、AWS IoT Coreへのダミーデータ送信は完了です。次にAWS IoT Coreで受信したデータをS3に保存する設定を行います。

Amazon Data FirehoseからS3へのデータ保存の設定

AWS IoT Coreに送信されたデータをS3に保存し、学習データや推論用データに利用します。今回は上記で設定したダミーデータでS3上に保存されることを確認します。

デバイスからAWS IoT Coreに送信されたデータをAWS IoT Coreルールエンジンを介して、**Amazon Data Firehose**の配信ストリームに送り、ファイルへ出力します。まずは、配信ストリームを作成します。AWSマネージメントコンソールからAmazon Data Firehoseのページを開き、以下の操作を行います。

1 ストリームの作成

- 左側メニューの“Firehoseストリーム”をクリック
- 右画面にある“Firehoseストリームを作成”ボタンをクリック

● Firehoseストリームの作成

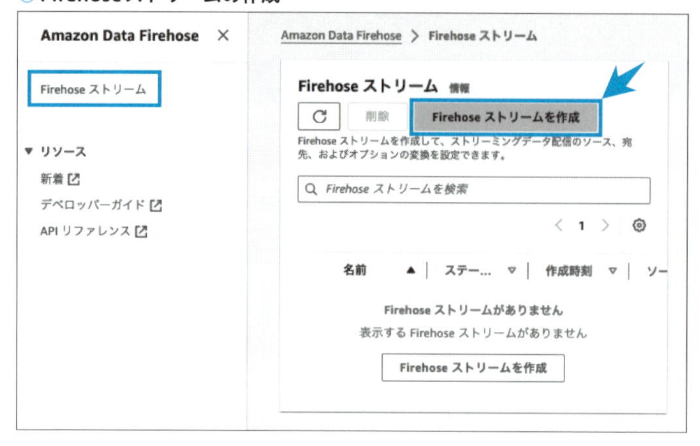

2 ストリームの設定

配信ストリームの設定をします。

- ソースに、“Direct PUT”を選択（AWS IoT Coreからメッセージを直接Putするため）
- 送信先に“Amazon S3”を選択し、配信ストリーム名を入力（ここでは“PUT-S3-Accelerometer”としました）

● 配信ストリームの設定

ソースと送信先を選択
Firehose ストリームのソースと送信先を指定します。Firehose ストリームの作成後に、Firehose ストリームのソースと送信先を変更することはできません。

ソース 情報
Direct PUT

送信先 情報
Amazon S3

Firehose ストリーム名

Firehose ストリーム名
PUT-S3-Accelerometer
使用できる文字は、大文字と小文字、数字、アンダースコア、ハイフン、ピリオドです。

- “レコードを変換および転換”セクションの“データ変換をオンにする”にチェックを入れる
- “関数を作成”ボタンを選択し、jsonメッセージをcsvに変換するLambda関数作成を開始
- Lambda関数で使用するブループリントを選択するポップアップが現れるため、“一般的なAmazon Data Firehoseの処理”を選択
- “ブループリントを使用”ボタンをクリック（このLambda関数のブループリントを利用することで、テンプレート化されたサンプルコードから開発を開始できる）

Lambdaでのデータ変換機能の利用

レコードを変換および転換 - オプション
レコードデータを変換および転換するように Amazon Data Firehose を設定します。

AWS Lambda でソースレコードを変換 情報
Amazon Data Firehose は AWS Lambda 関数を呼び出して、ソースデータレコードを転換、フィルタリング、解凍、および処理できます。指定された AWS Lambda 関数を使用して、指定された送信先に配信する前に、着信ソースデータのデータパーティショニングキーを提供することもできます。
データ変換をオンにする

AWS Lambda 関数
Lambda 関数を選択するか、ARN を入力
バージョンまたはエイリアス
バージョン...
参照
関数を作成
形式: arn:aws:lambda:[Region]:[AccountId]:function:[FunctionName]

Lambdaのブループリントの選択

3 データ変換用Lambda関数の作成

- ブラウザの新しいタブが立ち上がり、Lambda関数の作成画面に移動（プログレスインジケーターが表示されて前に進まない場合は、ブラウザの更新ボタンで画面更新してみてください）
- 設計図名 “Process records sent to an Amazon Data Firehose stream” のPython最新バージョンを選択
- 関数名を入力（ここでは “kfs-json2csv” としました）
- 実行ロールの “基本的なLambdaアクセス権限で新しいロールを作成” にチェックが入っていることを確認
- “関数の作成” ボタンをクリック

◉データ変換Lambda関数名の指定、ランタイムの指定

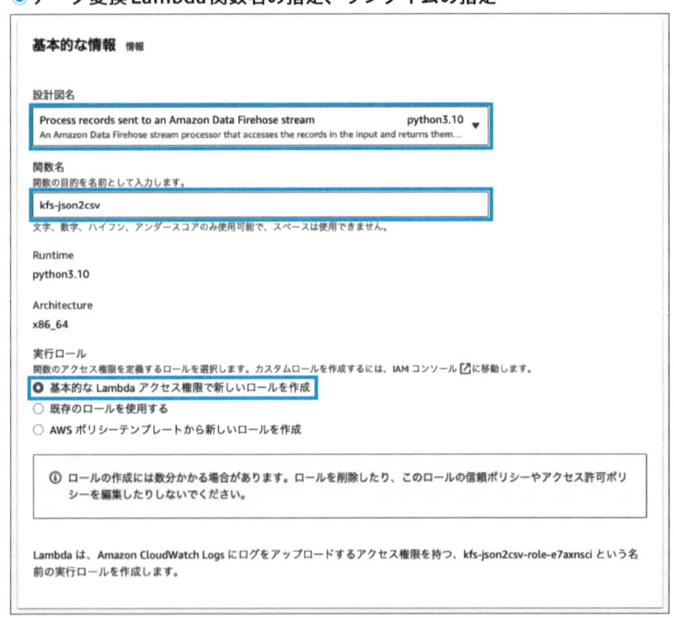

- 以下のコードをコードタブのコードソースにコピー＆ペースト（jsonをcsvに変換するコードを記述します）

▼ Lambda 関数

```
import base64
import json

def lambda_handler(event, context):
    output = []

    for record in event['records']:
        payload = base64.b64decode(record['data']).decode('utf-8')

        csv_element = ','.join(map(lambda x: '"'+x+'"' if type(x) is ↩
str else str(x),list(json.loads(payload).values()))) + '\n'

        output_record = {
            'recordId': record['recordId'],
            'result': 'Ok',
            'data': base64.b64encode(csv_element.encode("utf-8"))
        }
        output.append(output_record)

    print('Successfully processed {} records.'.format(len(event[↩
'records'])))

    return {'records': output}
```

- "Deploy" ボタンをクリック

◉ 関数のデプロイ

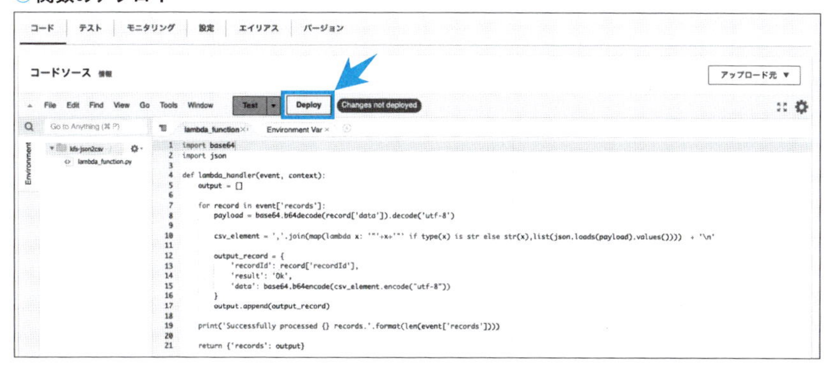

4 ストリームの設定の続き

- Amazon Data Firehoseを定義するブラウザのタブに移動
- “参照”ボタンを押して、先ほど定義した“kfs-json2csv”を選択

●配信ストリームとデータ変換用Lambda関数の紐付け

出力先のバケットの設定をします。

- “送信先の設定”セクションのS3バケットの“作成”ボタンをクリック
- ブラウザの新しいタブが立ち上がり、S3の作成画面に移動
- 適切なバケット名を入力（ここではanomaly-detection-nasa-bearing-{作成年月日}としました。全てのバケットに対して一意となる名前としてください）し、バケットを作成
- Amazon Data Firehoseのブラウザのタブへ移動
- 参照ボタンから先ほど作成したバケットを指定
- データを配置するプレフィックスとエラー出力先のプレフィックスを指定（ここでは、“kfh/”下にデータとエラーの出力を指定）

送信先S3バケットとプレフィックスの指定

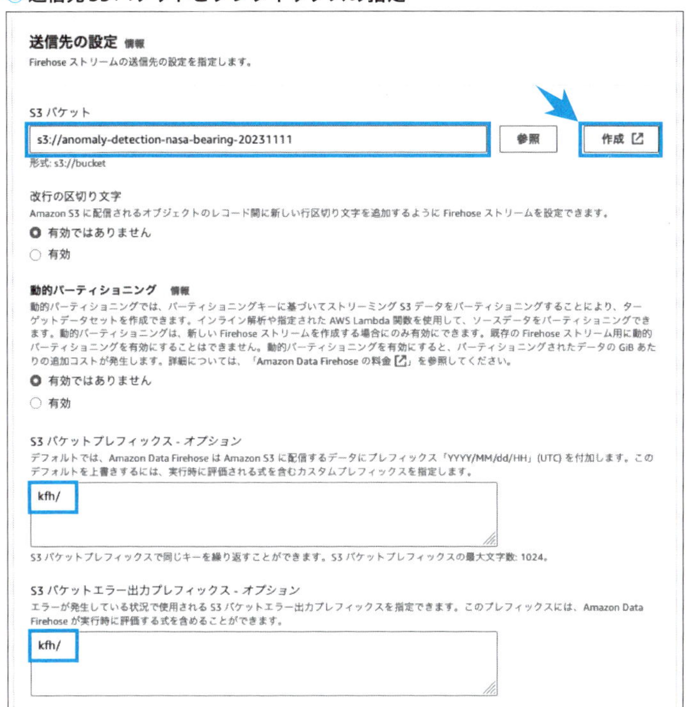

最後に出力するファイルのサイズを調整します。

- “送信先の設定” セクションで “バッファのヒント、圧縮、暗号化” のサブセクションを展開
- バッファ間隔を60秒に設定

60秒間にバッファされたデータが1ファイルとして出力されることとなります。

◉バッファ間隔の指定

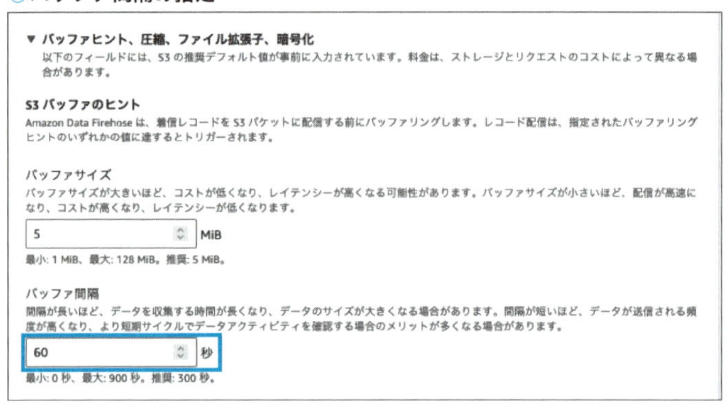

- ページ下部まで移動し、“Firehoseストリームを作成”ボタンをクリック

以上でストリームの設定は完了です。

AWS IoT Core ルールを使ったAmazon Data Firehose連携

AWS IoT Coreのルールエンジンを使って、**Amazon Data Firehose**の配信ストリームにデータを連携します。3,4章と同様にルールを作成します。AWS IoT Coreのページに移動し、以下のように操作を行います。

1 IoT Coreルールの作成と設定

- 左側メニューから“メッセージのルーティング”＞“ルール”＞“ルールの作成”をクリック
- ルール名を入力（ここでは、“send_accelerometer_to_kfh”としました）
- SQLステートメントを以下のように入力

```
SELECT * FROM 'esp32-thing/example/topic'
```

- ルールアクションの設定にて、アクション1に“Data Firehose ストリーム”を選択
- 先ほど作成した配信ストリーム名を選択
- “区切り文字”に“\n”を選択

- IAMロールの設定で"新しいロールを作成"ボタンをクリックし、ロール名に"DataFirehoseRole"を入力し、作成
- 設定値を確認後、"作成"ボタンをクリック

● IoT Coreルールの作成

以上で加速度センサーデータがS3に連携されます。

正しく設定され、S3にデータが配置されているか確認しましょう。S3ページに移動し、設定したバケットのプレフィックス下にデータが配置されている

ことを確認します。Amazon Data Firehoseの配信ストリームで設定したバケットとプレフィックス下に“YYYY/MM/dd/HH”(UTC時間)でプレフィックスを切られた上で、1分ごとにファイルが生成されているのがわかります。

●S3へ出力されたcsvファイル

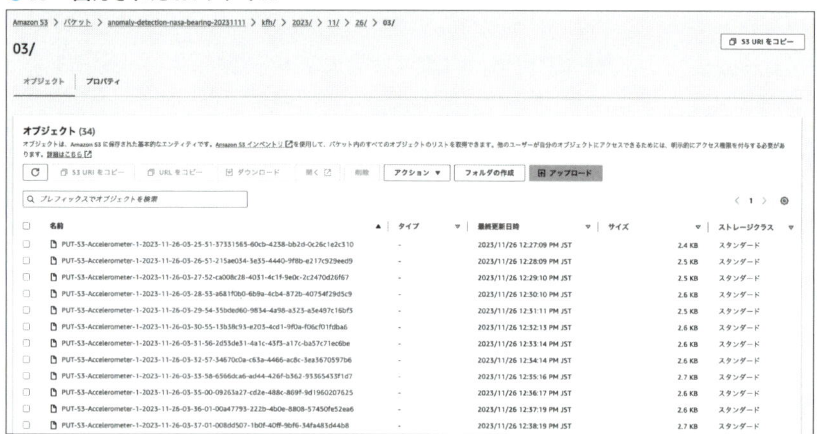

これで、データをS3上に保存することができるようになりました。この仕組みを使って、学習や推論用データを収集可能ですが、異常検知モデルの作成・検証用にデータ収集を行うことが容易でないため、次節以降では、オープンデータを使っての異常検知モデルの構築を行います。

5-3 SageMakerを使った異常検知モデルの構築

対象のユースケースと利用するデータセット

工場における予兆検知のユースケースとしては、設備経年劣化の予測、消耗材の状態検知などさまざまありますが、今回はベアリング故障に対する異常検知を実施してみたいと思います。ベアリングとは、モーターのように回転する機器の軸に取り付けて摩擦を減らす役割をするもので、多くの産業機器に取り付けられる部品です。ベアリングは消耗品であり、長年使うことで異常が発生しやすいものでもあります。このベアリング異常を放っておくことで設備全体の故障の原因となるケースや、プロダクト品質に影響を与えかねないケースもあるため、ベアリング異常検知は予兆保全のテーマとしてもよく取り扱われるユースケースです。本来はデバイスに接続した加速度センサーからのデータを取得し、そのデータを使用して異常検知モデルを構築したいところですが、ベアリング異常を確認するためには数ヶ月程度の長期間のデータ収集が必要となり、読者の皆様に実際に手を動かしてもらうことを想定すると現実的ではありません。そこで今回は**NASA Bearing Dataset**のデータを利用して、擬似的にデータを加速度センサーから取得できたものと置き換えて検証します。こちらのURL

https://www.nasa.gov/intelligent-systems-division/discovery-and-systems-health/pcoe/pcoe-data-set-repository/

にアクセスし、"4.Bearings" のDownloadサイトからダウンロードします。Kaggleでも同様のデータセット（https://www.kaggle.com/datasets/vinayak123tyagi/bearing-dataset）が公開されています。

●図2 NASA Bearing Datasetの装置とベアリング、センサー配置図（[2]Qiu et al., 2006）

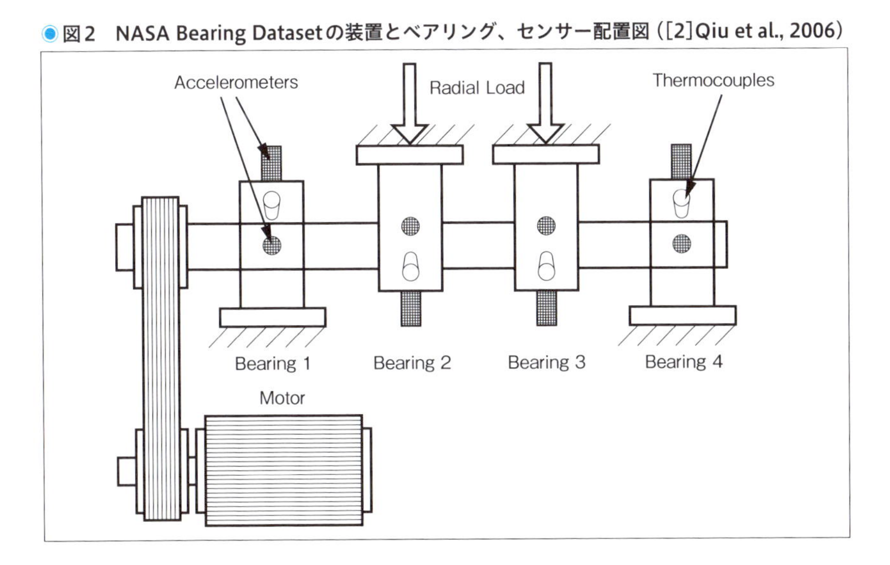

[2] Hai Qiu, Jay Lee, Jing Lin. "Wavelet Filter-based Weak Signature Detection Method andits Application on Roller Bearing Prognostics." Journal of Sound and Vibration 289(2006) 1066-1090

図2はベアリングの取り付け図です。NASA Bearing Datasetは、4つのベアリングに取り付けられた加速度センサーから取得されたデータセットです。1つのシャフトに4つのベアリングが取り付けられ、シャフトは2000 rpmで回転するACモーターにベルトで接続されています。加速度センサーは**PCB 353B33**という高感度の1軸加速度センサーを採用しており、最初にとりあげた加速度センサー**ADXL345**とはスペックが異なる点にご注意ください。このデータセットは3つの異なる異常ケースに分けられており、今回はSet No.2の1番目のベアリングで発生した外輪故障のケースでモデルを作成します。NASA提供のリポジトリからファイルをダウンロード後解凍し、2nd_testフォルダを開いてください。日時で名前がつけられた各ファイルには、10分間に20480レコードのデータが格納されています。いつから異常状態となり、いつ故障したかの情報はありませんが、最終レコードが設備故障のタイミングになっていると推測されます。

では、このデータを使った異常検知モデルの作成を実施してみましょう。

異常検知モデルを構築するための前提知識

機械学習を使って異常検知モデルを構築する際には、ラベル（正常か異常かの正解データ）が用意されているかによって手法を分類できます（表1）。今回はもっともよく使われる**教師なし異常検知**の手法を紹介します。

表1 異常検知モデル構築手法のラベルによる分類

	概要	利点	欠点
教師なし異常検知	ラベルなしのデータを使ってモデルを学習します。学習データを正常データとみなして学習し、正常分布からどれだけ離れたかを異常度として出力します	ラベル付きデータが不要	ラベルがないため、モデルの評価やチューニングが難しい
半教師あり異常検知	少量のラベル付きデータと大量のラベルなしデータを組み合わせて学習します。ラベル付きデータは正常のみの場合と異常が混在するケースがあります	・ラベル付きデータ収集のコストが抑えられる ・ラベル付き異常サンプルがある場合は教師なしよりも異常検出精度が向上する可能性がある	ラベル付き異常サンプルがない場合は異常検知精度向上が見込めない可能性がある
教師あり異常検知	正常と異常のラベルが存在し、ラベルを基に分類タスクとして異常検知を行います。様々な異常クラスに対応できないことから、一般的な異常検知のユースケースでは利用されません	高い精度の異常検出が可能	異常パターンが多様である場合に全ての異常ラベルを網羅できない

異常検知のユースケースでは、「正常」状態と比較して、「異常」状態が圧倒的に少ない、不均衡データとなることが多くなります。この場合、異常状態を表現するデータセットが少ないため、正常と異常の分類を行うための十分な量のデータセットを準備できないことが多くあります。また、さまざまな種類の異常パターンが存在する場合やこれまで経験したことのない異常パターンが発生する場合もあり、教師ラベル付けを行うことが困難なケースもあります。これらの課題に対応するため、教師なし異常検知では、正常状態のみを学習させた上で、“正常からどれだけ離れているか”を異常度スコアとして出力します。異常度スコアによって状態の異常度を表現し、異常を検知することで、異常データが少量の異常パターンや未知の異常を検知することを可能にします。

では正常状態とはどのような状態でしょうか。設備の異常検知を扱う際には、故障発生日時は分かっているものの、いつから異常状態であったか明確でないことがよくあり、まずは正常状態、異常状態を定義する必要があります。図3に示したNASA Bearing Dataset, 2nd_testデータセットのBearing 1加速度センサーの値の推移を見てみましょう。

●図3　加速度センサー値の推移と正常・異常状態の定義

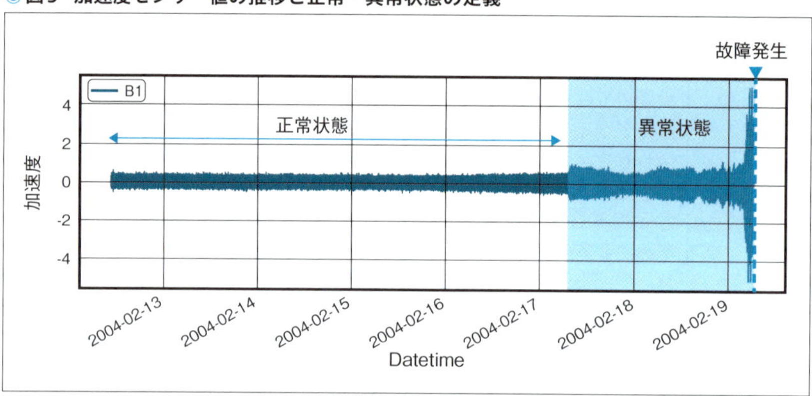

最初は加速度の振幅も安定していますが、2004年2月17日付近で加速度の振幅が大きくなり、その後の値も不安定になっている様子がわかります。公開情報ではいつから異常状態となったかは明示されておりませんが、おそらくこの時点から異常状態となり、最終的に故障に至ったのだと推測されます。この異常状態となる前の期間が問題なく稼働していた状態であり、これを正常状態と定義してよいと思われます。教師なし異常検知モデルを構築する際には、正常状態の一部の期間のデータ抽出、もしくは正常状態全体からのランダムサンプリングによるデータ抽出など行い、モデルに学習させます。

モデルを構築した後は、モデルを使って異常を検知する必要があります。教師なし異常検知モデルは、“正常状態からどれだけ離れているか”を測る指標として異常度スコアを出力します。異常度スコアの定義は使用するアルゴリズムによって異なるため、ここでは詳細は述べませんが、基本的にはスコアが小さい場合は正常、大きい場合は異常と定義することが多く、理想的には図4のような振る舞いを示すことが期待されます。最終的には異常度スコアに対する閾値を定義し、閾値を超えた場合は異常、そうでなければ正常とみなします。一方で、モデルの精度が悪いと、正常状態でスコアが閾値を超えること（誤検知）や、異常状態でスコアが閾値を超えないこと（見逃し）があります。誤検知と見逃しの数をいかに減らすかがモデルの性能向上の目標であり、誤検知と見逃しをどこまでならば許容できるかをモデルの利用要件として決めておく必要があります。

●図4　異常検知モデルが出力する異常度スコアのイメージ

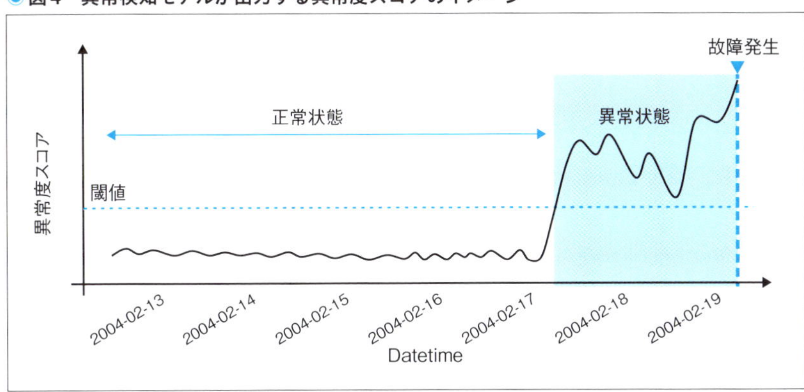

以上が異常検知モデルを構築する際の前提知識となります。今回は機械学習の専門用語はなるべく使わず記載しましたが、より詳細を学びたい方は[3], [4]を参考にしてみてください。また今回は**Amazon SageMaker**を使った機械学習モデルの構築、トレーニング、デプロイを実装します。Amazon SageMakerの開発環境には、**Amazon SageMaker Notebook Instances**を利用し、機械学習モデル構築を行います。では、実際に異常検知モデルを作成してみましょう。

[3] 井手剛、杉山将、「 異常検知と変化検知」
[4] 井手剛、「入門 機械学習による異常検知 - R による実践ガイド」

データセットとAmazon SageMaker Notebook Instancesの準備

まずは、データセットを準備します。以下のように操作を行います。

1 ファイルのダウンロードと展開

- NASAのURL（https://www.nasa.gov/intelligent-systems-division/discovery-and-systems-health/pcoe/pcoe-data-set-repository/）の“4.Bearings” Downloadサイトからファイルをダウンロード
- ファイルをご自身の環境で展開

今回モデル学習時に使用するデータは2nd_testデータセットです。フォルダ構造は、IMS/2nd_test/{ファイル}となっていることを確認ください。

●NASA Bearing Datasetの2nd_test

4. Bearings

名前	変更日	サイズ	種類
IMS	今日 19:59	--	フォルダ
2nd_test	2006年10月19日 10:19	--	フォルダ
2004.02.12.10.32.39	2004年3月23日 14:12	558 KB	書類
2004.02.12.10.42.39	2004年3月23日 14:12	554 KB	書類
2004.02.12.10.52.39	2004年3月23日 14:12	554 KB	書類
2004.02.12.11.02.39	2004年3月23日 14:12	554 KB	書類
2004.02.12.11.12.39	2004年3月23日 14:12	553 KB	書類
2004.02.12.11.22.39	2004年3月23日 14:12	554 KB	書類
2004.02.12.11.32.39	2004年3月23日 14:12	553 KB	書類
2004.02.12.11.42.39	2004年3月23日 14:12	554 KB	書類
2004.02.12.11.52.39	2004年3月23日 14:12	553 KB	書類
2004.02.12.12.02.39	2004年3月23日 14:12	554 KB	書類
2004.02.12.12.12.39	2004年3月23日 14:12	554 KB	書類
2004.02.12.12.22.39	2004年3月23日 14:12	554 KB	書類
2004.02.12.12.32.39	2004年3月23日 14:12	554 KB	書類
2004.02.12.12.42.39	2004年3月23日 14:12	553 KB	書類
2004.02.12.12.52.39	2004年3月23日 14:12	554 KB	書類

2 ファイルをS3にアップロード

- AWSマネージメントコンソールのS3サービスページに移動
- 予兆検知システムで作成したバケットを選択
- ご自身の環境に展開したIMSフォルダをS3のブラウザ画面へドラック&ドロップ

- “アップロード” ボタンをクリック

アップロードには10分程度かかります。

S3へファイルをアップロード

3 SageMaker Notebook Instanceの作成

- AWSマネージメントコンソールからAmazon SageMakerのページを開く
- 左側メニューの “Applications and IDEs” > “Notebooks” をクリック

・右画面にある“ノートブックインスタンスの作成”ボタンをクリック

◉ ノートブックインスタンスの作成

・ノートブックインスタンス設定にて、ノートブックインスタンス名を入力（ここでは、anomaly-detection-nasa-bearingとしました）

◉ ノートブックインスタンス名の入力

・“IAM ロール” ドロップダウンリストの▼をクリック

・“新しいロール” の作成を選択

ノートブックインスタンスの実行ロールの作成

アクセス許可と暗号化

IAM ロール
ノートブックインスタンスでは、SageMaker と S3 を含む他のサービスを呼び出すアクセス許可が必要です。ロールを選択するか、
AmazonSageMakerFullAccess AWS に IAM ポリシーがアタッチされたロールを作成させます。
IAM ロールを選択
新しいロールの作成
カスタム IAM ロールの ARN の入力
既存のロールの使用
ライフサイクル設定には常にルートアクセス権が付与されます
暗号化キー - オプション
ノートブックデータを暗号化します。既存の KMS キーを選択するか、キーの ARN を入力します。
カスタム暗号化なし

IAMロールでノートブックインスタンスがアクセス可能なS3を指定します。

- "特定のS3バケット"のラジオボタンを選択
- 先ほど作成したS3バケット名を入力
- "ロールを作成"ボタンをクリック

ノートブックでアクセス可能なS3の指定

・“ノートブックインスタンスの作成”ボタンをクリック

これでノートブックインスタンスが作成されます。作成されたノートブックインスタンスのステータスが“Pending”から“InService”となったら、“JupyterLabを開く”を選択して、ノートブックにアクセスしましょう。

ノートブックインスタンスからのJupyterLabの起動

起動されたJupyterLab

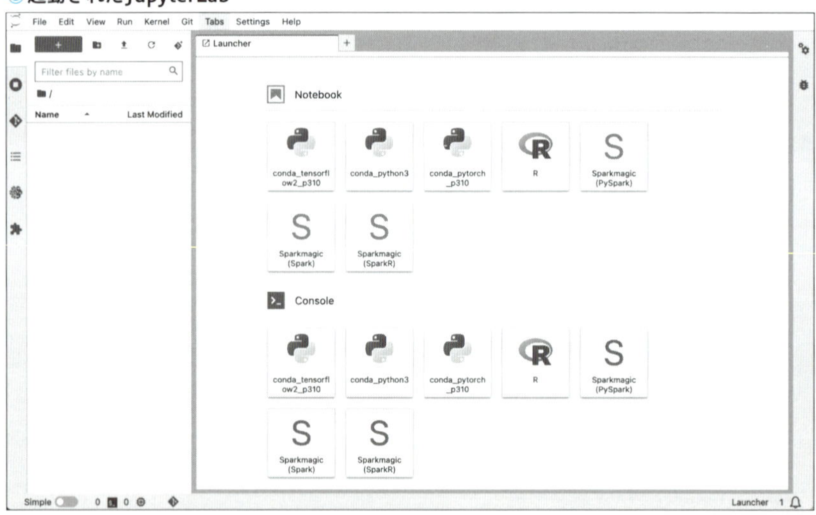

これで準備は完了です。次にモデルを構築するための学習データを準備します。

データの準備

JupyterLabを使って、学習・検証に必要なデータを作成しましょう。JupyterLabは対話的に実行可能な開発環境で、デバックやデータ可視化を行いながら開発できることから分析や機械学習の開発環境としてよく用いられています。図1のアーキテクチャ図のとおり、作成したノートブックインスタンスは**S3**からデータを読み込み、分析することが可能です。以下の操作でデータ準備を行います。

1 ノートブックの作成

- 該当のノートブックインスタンスからJupyterLabを開く
- "Launcher"タブにあるNotebookメニューからconda_python3を選択

● conda_python3ノートブックの作成

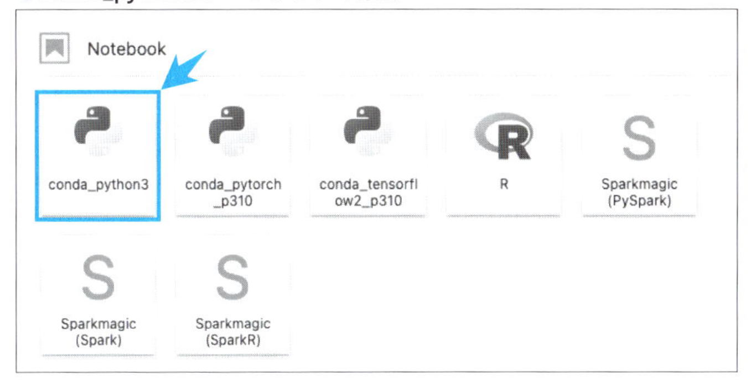

2 ライブラリのインポート

- 以下のコードをセルに貼り付け、セルを実行（キーボードの Shift + Enter を押す）

こちらのコードはhttps://github.com/tsugunao/IoTBook/tree/main/predictive_maintenanceからダウンロードすることが可能です。

```
!pip install smart-open
```

```
!pip install tqdm

import pandas as pd
import numpy as np
import datetime as dt
import csv
import smart_open
from tqdm.notebook import tqdm
import boto3
import sagemaker
from sagemaker import RandomCutForest
import matplotlib.pyplot as plt
import seaborn as sns
sns.set()
```

実行すると必要なpythonライブラリのinstallとインポートが完了します。

次にデータ加工を行います。2nd_testデータセットは984個のtsvファイルからなり、各ファイルには10分間の4つ加速度センサーの値、20,480レコード存在します。各レコードに時刻情報はないため、ファイル名に記された時刻情報から各レコードの時刻を追加します。また後処理の都合上、csvファイル形式で出力します。

3 データ加工

- 以下のコードを貼り付け、“bucket_name” 変数の入力を先にご自身で作成したバケット名に変更し、セルを実行

```
bucket_name = "{your bucket name}"
rawdata_prefix_key = "IMS/2nd_test"
csvdata_prefix_key = "csv/2nd_test"

#S3から生データのファイルリストを取得
s3_client = boto3.resource('s3')
bucket = s3_client.Bucket(bucket_name)
```

```
response = bucket.meta.client.list_objects_v2(Bucket=bucket.name, ↵
Prefix=rawdata_prefix_key)

# 各ファイルでのデータ処理
for obj in tqdm(response['Contents']):
    if obj["Size"] != 0 :
        prefixKey = obj["Key"]

        #ファイル名から開始時刻の取得
        filename_format = '%Y.%m.%d.%H.%M.%S'
        target_time = dt.datetime.strptime(prefixKey.split('/')[-1], ↵
filename_format)

        #出力するcsvファイル名、urlを定義
        csv_filename = prefixKey.split("/")[-1]+'.csv'
        url = "s3://{}/{}/{}".format(bucket_name,csvdata_prefix_key,↵
csv_filename)

        #データ処理
        #S3から生データを読み込み、日付を先頭に追加してcsvファイルと↵
してS3に配置する。
        with smart_open.open(url, 'w', transport_params={'client': ↵
boto3.client('s3')}) as fout:
            writer = csv.writer(fout)
            with smart_open.open("s3://{}/{}".format(bucket_name,↵
prefixKey),'rb', transport_params={'client': boto3.client('s3')}) as fin:
                for _line in fin:
                    #ファイル中のレコード読み込み
                    _line = _line.decode().replace('\r\n','').split('\t')

                    #時刻追加
                    _line.insert(0,target_time.strftime('%Y-%m-%d ↵
%H:%M:%S.%f'))

                    #レコードの追加
                    writer.writerow(_line)
```

```
                #時間の更新
                target_time = target_time + dt.timedelta⏎
(milliseconds=600000/20480)
```

実行には12分程度かかります。実行が完了すると、以下のようにS3上にcsvファイルが作成されます。

●S3に出力されたデータ加工されたcsvファイル

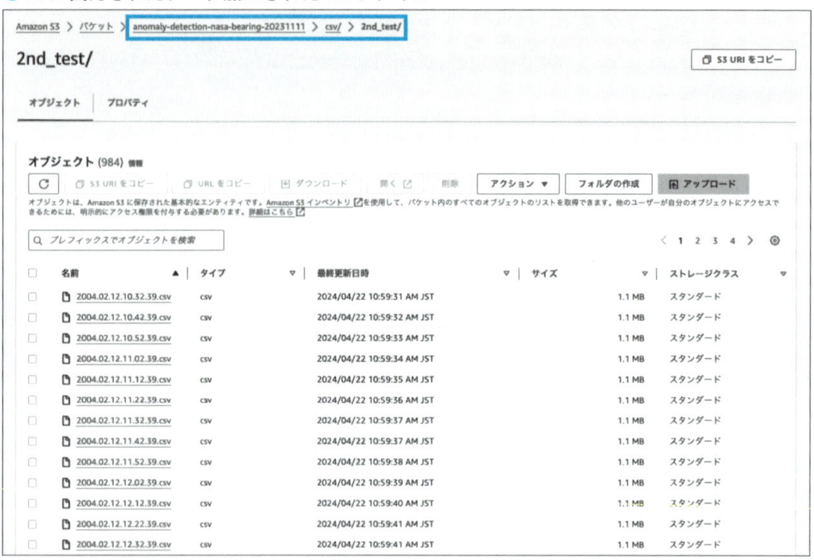

これでデータの準備は完了です。次にいよいよ異常検知モデルの構築に入ります。

異常検知モデルの構築

教師なし異常検知モデルを作成します。Amazon SageMakerでは、教師なし異常検知に利用可能なビルトインアルゴリズムとして、**Random Cut Forest（RCF）**が提供されています。ビルトインアルゴリズムを利用することで、アルゴリズムがすでに実装されたコンテナを使って、比較的簡単にモデル構築することができるため、今回はこちらを利用します。RCFは、正常データを複数の木構造として学習した上で、データの珍しさを木の深さでスコア化し、異常度スコアとして出力します。詳細に興味がある方は[5,6]を確認ください。

[5] Random Cut Forest (RCF) Algorithm: https://docs.aws.amazon.com/ja_jp/sagemaker/latest/dg/randomcutforest.html
[6] Robust Random Cut Forest Based Anomaly Detection On Streams: http://proceedings.mlr.press/v48/guha16.pdf

次に学習させる正常状態のデータセットを決めましょう。図3において正常・異常状態を定義しましたが、正常状態のデータすべてを学習する必要はなく、一部のデータで学習可能です。また、あとで検証できるよう学習データに加えて、テストデータも必要になります。なお、図3で定義した正常・異常状態は暫定的なもので、異常状態に近い日時のデータの場合、目視では確認できない異常兆候が含まれている可能性もあります。そのため、なるべく異常状態から離れた日時を正常状態の学習データとして選ぶべきでしょう。ここでは現存データの最初から10分間のデータ（20,480レコード）を学習データとし、それ以外のデータをテストデータとして異常検知モデルを作成してみることにします。

以下の操作で異常検知モデル構築を行います。

1 学習データの読み込み

- 以下のコードをノートブックにペーストして実行

```
train_filename = "2004.02.12.10.32.39.csv"
training_prefix_key = 'rcf-model-training'

#学習データの読み込み
train_csv_filepath = "s3://{}/{}/{}".format(bucket_name,csvdata_prefix_
key,train_filename)
df_train = pd.read_csv(train_csv_filepath,
                       header=None,
                       names=['datetime','B1','B2','B3','B4'],
```

```
                    dtype = {'datetime':'str', 'B1':'float32', ↩
'B2':'float32','B3':'float32','B4':'float32'},
                    parse_dates=['datetime']

)
train = df_train[['B1','B2','B3','B4']]
```

実行すると"2004.02.12.10.32.39.csv"ファイルを読み込み、pandasデータフレーム“train”を定義します。なお、RCFに学習データを投入する際には、時刻データは学習対象から除外します。

2 学習の実行

- 以下のコードをノートブックにペーストして実行

```
#学習ジョブ実行のためのセッション取得
session = sagemaker.Session()
execution_role = sagemaker.get_execution_role()

#学習ジョブの設定
rcf = RandomCutForest(role=execution_role,
                      instance_count=1,
                      instance_type='ml.m5.xlarge',
                      data_location='s3://{}/{}/record-set/'.format↩
(bucket_name, training_prefix_key),
                      output_path='s3://{}/{}/output'.format↩
(bucket_name, training_prefix_key),
                      num_samples_per_tree=512,
                      num_trees=100)

#学習ジョブの実行
rcf.fit(rcf.record_set(train.to_numpy(),channel='train', encrypt=False))

#学習ジョブ名の表示
print('Training job name: {}'.format(rcf.latest_training_job.job_name))
```

ノートブックインスタンス上で学習することも可能ですが、Amazon SageMakerの学習ジョブ機能を利用することで、ノートブックインスタンスとは別の計算リソースを利用して学習が可能です。学習ジョブ実行時にはEstimatorと呼ばれるオブジェクト（上記のコードではrcf変数）を作成し、学習ジョブの設定を行います。学習ジョブには、実行ロール、実行するインスタンスのタイプ、入出力、アルゴリズムのパラメータなどを設定可能です。Estimatorオブジェクトに対して、fit()を実行することで学習が始まります。

学習には5分程度かかります。学習ジョブ実行の状況はノートブック上でも確認可能ですが、AWSマネージメントコンソールからも確認できます。

3 実行した学習ジョブの確認

- Amazon SageMakerサービスページに移動
- 左側メニューの"トレーニング"＞"トレーニングジョブ"をクリック
- 実行中・実行済みの学習ジョブを確認

●実行された学習ジョブの確認

ジョブのステータスがCompletedになったら、学習完了です。学習が完了したら、学習済みのモデルを使って異常度スコアを算出してみましょう。

異常検知モデルの検証

モデル構築が完了したら、モデルが期待した動きをするか検証します。図4で示したとおり、異常度スコアは正常状態において小さい値を示し、異常状態において上昇する挙動を示すことが期待されます。今回は2nd_testデータセット全期間のデータで推論を実施し、異常度スコアを算出してみます。

Amazon SageMakerでは、学習ジョブと同様に、ノートブックインスタンスとは別の計算リソースを使った推論が可能です。いくつか推論方法のパターンがありますが、今回はバッチ変換（推論）を使って実施します。バッチ変換は、大規模なデータセットを一度に推論する際に用いられ、バッチ変換ジョブを実行することで、S3に配置したデータセットをインプットにした推論をバッチ実行し、その結果をS3に保存します。また、バッチ変換はインスタンスを複数立て、複数のファイルを並行して同時に実行可能です。そのため、大量のデータを素早く推論できます。

以下の操作で異常検知モデルの推論を行います。

1 バッチ変換（推論）の実行

- 以下のコードをノートブックにペーストして実行

```
inference_input_location = "s3://{}/{}".format(bucket_name, csvdata_
prefix_key)

inference_output_prefix_key = 'rcf-model-inference'
inference_output_location = "s3://{}/{}".format(bucket_name, inference_
output_prefix_key)

num_instances = 4
rcf_transformer = rcf.transformer(
                                    instance_count = num_instances,
                                    instance_type = 'ml.m5.xlarge',
                                    strategy = "MultiRecord",
                                    assemble_with = 'Line',
                                    accept = 'text/csv',
```

```
                                    output_path = inference_output_
location
                                    )

# start a transform job
rcf_transformer.transform(inference_input_location,
                          split_type='Line',
                          content_type='text/csv',
                          join_source='Input',
                          input_filter='$[1:4]'
                         )
rcf_transformer.wait()
```

上記のコードでは、起動するインスタンス数やインスタンスタイプ、バッチ戦略、出力先などをtransformerオブジェクト（rcf_transformer）で設定し、transform関数でバッチ変換ジョブを実行しています。実行する際には、ファイル内の変数のフィルタや、出力される推論結果をインプットデータにjoinするオプションなどが使えます。

バッチ変換ジョブの実行終了までおよそ10分程度かかります。ジョブの実行状況もAWSマネージメントコンソールから確認可能です。

2 実行したバッチ変換ジョブの確認

- Amazon SageMakerサービスページに移動
- 左側メニューの“推論”>“バッチ変換ジョブ”をクリック
- 実行中・実行済みのバッチ変換ジョブを確認

●実行されたバッチ変換ジョブの確認

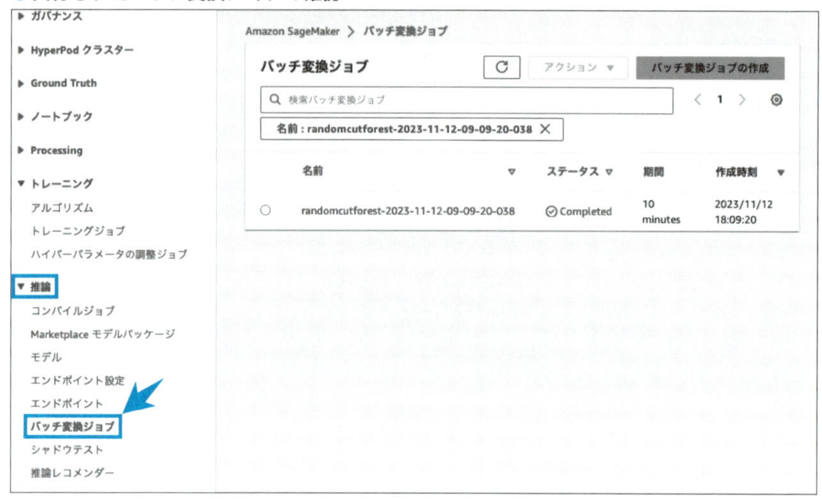

最後に異常度スコアをノートブック上でグラフ化してみましょう。

3 異常度スコアのグラフ化

- 以下のコードをノートブックにペーストして実行

```
s3_client = boto3.resource('s3')
bucket = s3_client.Bucket(bucket_name)
response = bucket.meta.client.list_objects_v2(Bucket=bucket.name, 
Prefix=inference_output_prefix_key)

list_anomalyscore = []

# 各ファイルでのデータ処理
for obj in tqdm(response['Contents']):
    if obj["Size"] != 0 :
        prefixKey = obj["Key"]
        _list_records = []

        #データ処理
        #S3から推論結果データを読み込み、統計処理を加えて異常度スコア
```

```
を取得
        for line in smart_open.smart_open("s3://{}/{}".format(bucket_
name,prefixKey)):
            _list_line = line.decode().replace('\n','').split(',')
            _list_records.append(_list_line)

        #numpyの配列に変換し、0列目のdatetimeの最小値、5列目の異常度
スコアの中央値を計算
        _list_array = np.array(_list_records)
        datetime_min = np.min(_list_array[:,0].astype(dt.datetime),axis=0)
        anomaly_score_median = np.median(_list_array[:,5].astype(np.
float32),axis=0)

        #各ファイルごとの統計値を取得
        list_anomalyscore.append([datetime_min,anomaly_score_median])

#異常度スコアの中央値をグラフ化
df_score = pd.DataFrame(list_anomalyscore, columns=['datetime','anomaly_
score'])
df_score['datetime'] = pd.to_datetime(df_score['datetime'])
df_score = df_score.set_index('datetime')

threshold = 0.75
ax = df_score.plot(figsize=(10,5))
ax.hlines([threshold], df_score.index.min(), df_score.index.max(), 
"red", linestyles='dashed',label="Threshold:"+str(threshold))
ax.legend()
```

今回のデータセットは全部で約2000万レコードと比較的量が多いため、すべてのデータをグラフ化すると描画に時間が掛かります。上記のコードでは、各ファイルの異常度スコアの統計量を算出して、そのファイルの代表値とすることで、描画するデータを削減しています。ここでは統計量として、ノイズに頑健な中央値を採用しました。センサーデータを元にして算出された異常度スコアはノイズが激しいため、中央値フィルタを使って平滑化する手法はよく用いられます。

グラフを描画したものが図5です。異常度スコアの推移を見ると、期待していた通り、2004年2月17日付近でスコアの一時的な上昇があり、2月18日からさらに上昇していく様子がわかります。異常度スコアの閾値を0.75に設定すれば、2月17日時点で閾値を超えたことをトリガーにアラートを発生させることができ、故障を未然に防ぐことができそうです。

●図5　異常検知モデルが出力した異常度スコアの推移

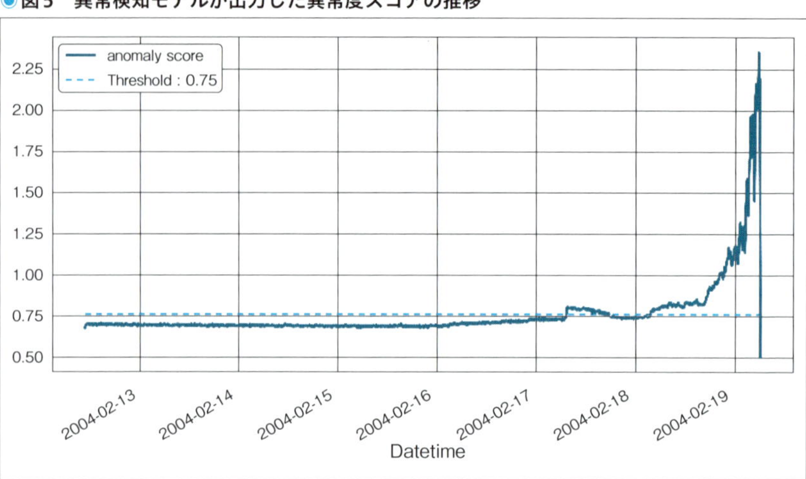

今回作成したモデルで事前に故障の予兆を捉えることができました。このモデルを継続的に利用することで、予兆保全が実現できそうです。

最後に今回作成したモデル名を出力します。

4 検証したモデル名の出力

- 以下のコードをノートブックにペーストして実行

```
rcf_transformer.model_name
```

モデル名は後ほど利用するため、出力値を手元に記録しておいてください。

5-4 異常検知モデルを利用した予兆検知

予兆検知の実装方針

それでは構築した異常検知モデルを使って、予兆検知システムを実装してみましょう。予兆検知システムの構成の節でも述べましたが、今回対象の設備故障は劣化異常のため、日毎に状態を監視できれば良いものと仮定しました。そのため実装方針としては、S3に蓄積されたデータに対して、日次でバッチ推論を行い、その判定結果を現場担当者に通知することにします。アーキテクチャは図1に示した通りです。

（再掲）図1　異常検知モデルを利用した予兆検知システム

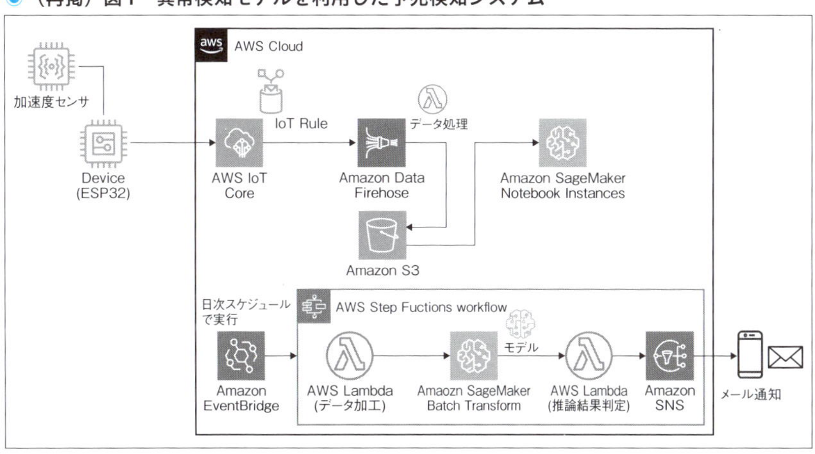

対象設備のセンサーデータはS3バケットの年・月・日で区切られたprefix下にcsvファイルとして配置され、設備が稼働完了した次の日の午前8時ごろにバッチ推論を実行し、正常か異常かの判定と異常判定の場合の異常発生時間と異常度スコアを作業者のメールアドレスに通知することとします。

今回作成した異常検知モデルはNASA Bearing Datasetを使って構築したものでした。学習時には2nd_testのデータを使ってモデル構築を行いましたが、今回の検証では3rd_testのデータを使って、推論実行をしてみましょう。

予兆検知実装：SNSトピック、サブスクリプションの作成

予兆検知結果をメールで通知する機能を実装します。以下の操作を実施します。

1 メッセージを受け取るトピックの作成

- AWSマネージメントコンソールのSNSサービスページに移動
- 左上のメニューボタンをクリック
- “トピック” > “トピック作成” の順にクリック

2 トピックの設定

- トピックのタイプを “スタンダード” に指定
- トピック名の入力（ここでは “AnomalyDetectionTopic” とします）
- 表示名を入力（ここでは “AnomalyDetection” とします）
- 画面下の “トピックの作成” ボタンをクリック

●トピックの作成

● トピックの設定

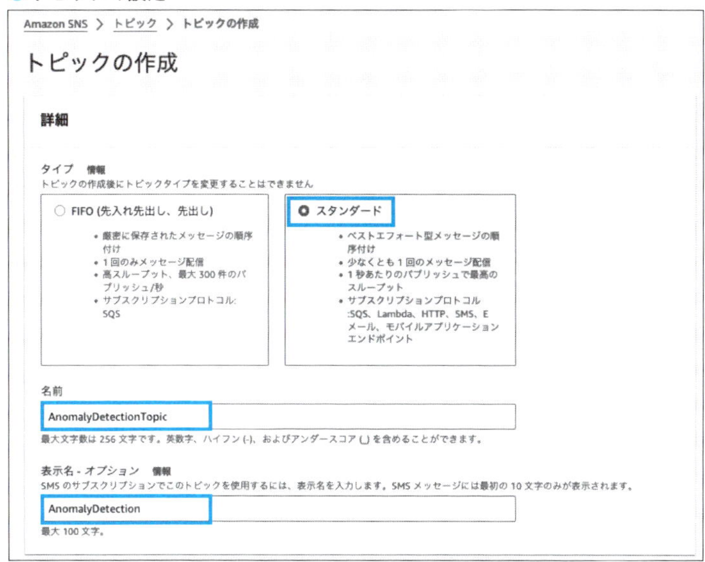

3 サブスクリプションの作成

- “サブスクリプションの作成”をクリック
- プロトコルを“Eメール”に設定
- 予兆検知通知結果を受け取るメールアドレス（ご自身のアドレス）を入力
- “サブスクリプションの作成”ボタンをクリック

●サブスクリプションの作成

●サブスクリプションの設定

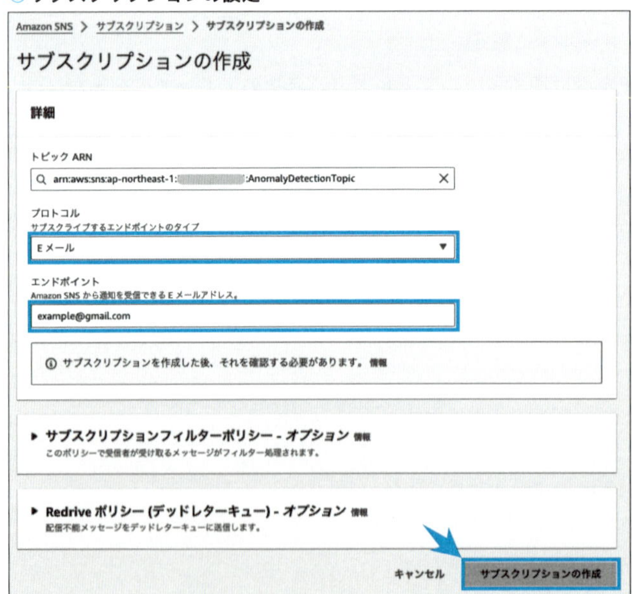

4 サブスクリプションの許可

- 入力したメールアドレスへ“no-reply@sns.amazonaws.com”からメールが受診されていることを確認
- メール内の“Confirm subscription”のリンクをクリック

●受信したメールからのサブスクリプション開始

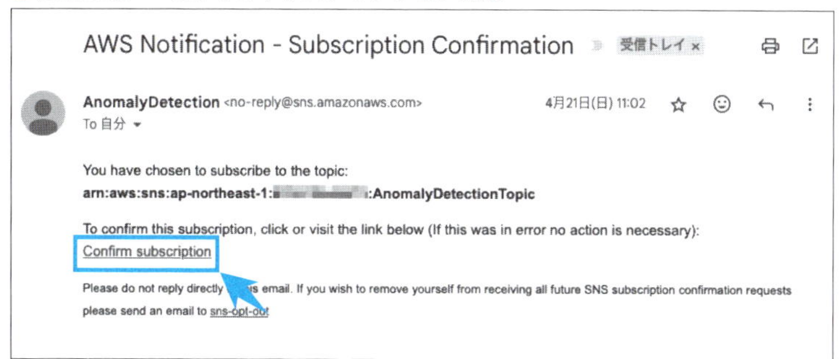

サブスクリプションが開始され、トピックに通知されたメッセージの受信が開始されます。

以上で、SNSトピック、サブスクリプションの作成は終了です。

予兆検知実装：AWS Lambdaを使った実行日時取得と判定ロジックの作成

次にバッチ推論前のデータ加工ロジックと異常検知の判定ロジックをLambdaで実装します。データ加工ロジックでは、実行日時の取得を行います。実行日時は、推論用データ配置先の年月日で分割されたprefixで、どの日付のデータで推論するかを特定する際に使われます。また判定ロジックでは、推論結果が設定した閾値を超えた場合に異常メッセージ、超えない場合は正常メッセージを出力します。以下の操作を実施します。

1 データ加工ロジック用のAWS Lambda関数作成

- AWSマネージメントコンソールのLambdaサービスページに移動

- 左メニューから“関数”を選択
- “関数の作成”ボタンをクリック
- 関数名を入力（ここでは“get-exec-datetime”とします）
- ランタイムにPythonの最新バージョンを選択
- “関数の作成”ボタンをクリック

●実行日時取得Lambda関数名の指定、ランタイムの指定

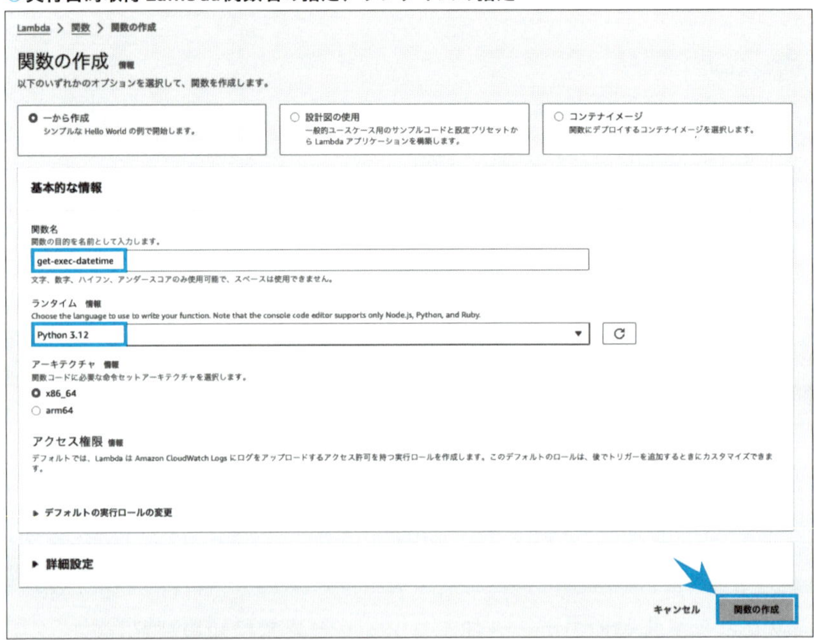

2 データ加工ロジックの実装

- “コード”タブのlambda_function.pyに以下のコードを貼り付け

```
import json
import datetime as dt
from zoneinfo import ZoneInfo

def lambda_handler(event, context):
```

```
    # 現日時の取得
    now = dt.datetime.now(ZoneInfo('Asia/Tokyo'))

    # 前日の取得
    prev_datetime  = (now - dt.timedelta(days=1))

    return {
        "StartYear" : now.strftime("%Y"),
        "StartMonth" : now.strftime("%m"),
        "StartDay" : now.strftime("%d"),
        "StartDate" : now.date().strftime('%Y-%m-%d'),
        "StartHour" : now.strftime("%H"),
        "StartMinute" : now.strftime("%M"),
        "PrevYear" : prev_datetime.strftime("%Y"),
        "PrevMonth" : prev_datetime.strftime("%m"),
        "PrevDay" : prev_datetime.strftime("%d")
}
```

• 貼り付け後、“Deploy”ボタンをクリックして保存します。

実行日時取得 Lambda 関数のデプロイ

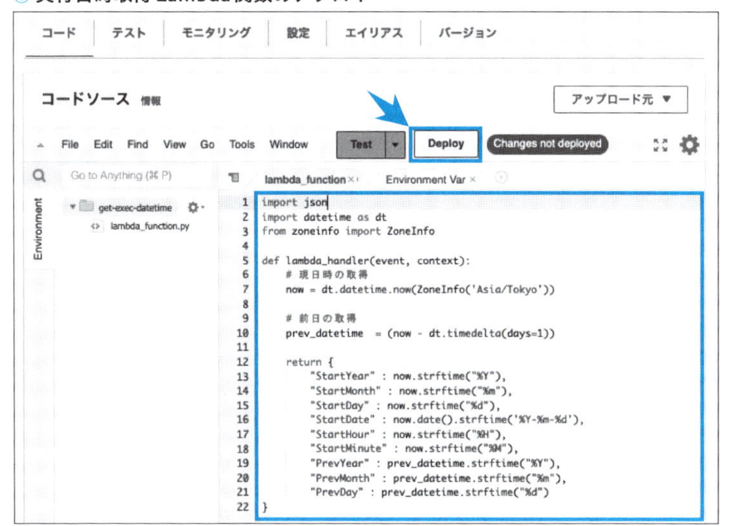

以上で、実行日時取得ロジックのLambda実装は完了です。次に異常検知の判定ロジックの関数を作成します。

3 判定ロジック用のAWS Lambda関数作成

- 上記と同様にLambdaサービスページのメニューから“関数”を選択し、“関数の作成”ボタンをクリック
- 関数名を入力（ここでは“anomaly-detection”とします）
- ランタイムにPythonの最新バージョンを選択
- “関数の作成”ボタンをクリック

4 判定ロジックの実装

- “コード”タブのlambda_function.pyに以下のコードを貼り付け

```
import json
import os
import io
import boto3
import statistics
import datetime as dt


def get_s3file(s3_session, bucket_name, key):
    s3obj = s3_session.Object(bucket_name, key).get()

    return io.TextIOWrapper(io.BytesIO(s3obj['Body'].read()))


def lambda_handler(event, context):
    bucket_name = os.environ['BUCKET_NAME']
    prefix_key = "{}/{}/{}/{}".format(os.environ['PREFIX_KEY'], ↵
event["PrevYear"], event["PrevMonth"],
                                      event["PrevDay"])
    threshold = float(os.environ['THRESHOLD'])

    s3_client = boto3.resource('s3')
```

```
    bucket = s3_client.Bucket(bucket_name)
    response = bucket.meta.client.list_objects_v2(Bucket=bucket.name, ⏎
Prefix=prefix_key)

    list_anomalyscore = []
    message_template = {
        "normal": "ベアリングの状態は正常です。",
        "anomaly": "ベアリングの異常状態を検知しました。"
    }
    message = ""

    # 各ファイルでのデータ処理
    for obj in response['Contents']:
        if obj["Size"] != 0:
            prefixKey = obj["Key"]
            _list_records = []

            # データ処理
            # S3から推論結果データを読み込み、統計処理を加えて異常度⏎
スコアを取得
            for line in get_s3file(s3_client, bucket_name, prefixKey):
                _list_line = line.replace('\n', '').split(',')
                _list_records.append(_list_line)

            # numpyの配列に変換し、0列目のdatetimeの最小値、5列目の⏎
異常度スコアの中央値を計算
            datetime_list = [a[0] for a in _list_records]
            score_list = [a[5] for a in _list_records]
            datetime_min = min([dt.datetime.strptime(_datetime, ⏎
'%Y-%m-%d %H:%M:%S.%f') for _datetime in datetime_list])
            anomaly_score_median = statistics.median([float(s) for s in ⏎
score_list])

            if anomaly_score_median >= threshold:
                # 各ファイルごとの統計値を取得
                list_anomalyscore.append([datetime_min, anomaly_score_⏎
median])
```

```
    if len(list_anomalyscore) == 0:
        message = message_template["normal"]
    else:
        message = message_template["anomaly"]

    return {
        'message': message.encode('utf-8'),
        'data': json.loads(json.dumps(list_anomalyscore, default=str))
    }
```

- 貼り付け後、“Deploy”ボタンをクリックして保存

判定ロジックの内容は以下の通りです。Lambdaの環境変数から推論結果が配置されるバケット名、prefix、判定用の閾値を読み込み、また外部から受け取るeventパラメータから実行前日の年月日を読み込みます。その後、実行前日の年月日のprefix下に置かれた推論結果csvを読み取り、1ファイルごとに異常度スコアの中央値を算出し、その値が閾値を超えているかどうかを判定し、正常か異常かの判定をメッセージで返します。異常の場合は、異常発生日時と異常度スコアも返すようにしました。

次に、判定ロジックのLambda関数のタイムアウト時間、メモリの設定、環境変数の定義を行います。

5 判定ロジック用AWS Lambda関数の基本設定更新

- 上記で作成した判定ロジックのLambda関数に移動
- “設定”タブに移動
- 左メニューの“一般設定”をクリック
- 右上の“編集”ボタンをクリック
- “基本設定を編集”画面に移動
- メモリを1024MB、タイムアウトを15分に設定
- “保存”ボタンをクリック

◉ 判定ロジックLambda関数のメモリとタイムアウト時間の設定

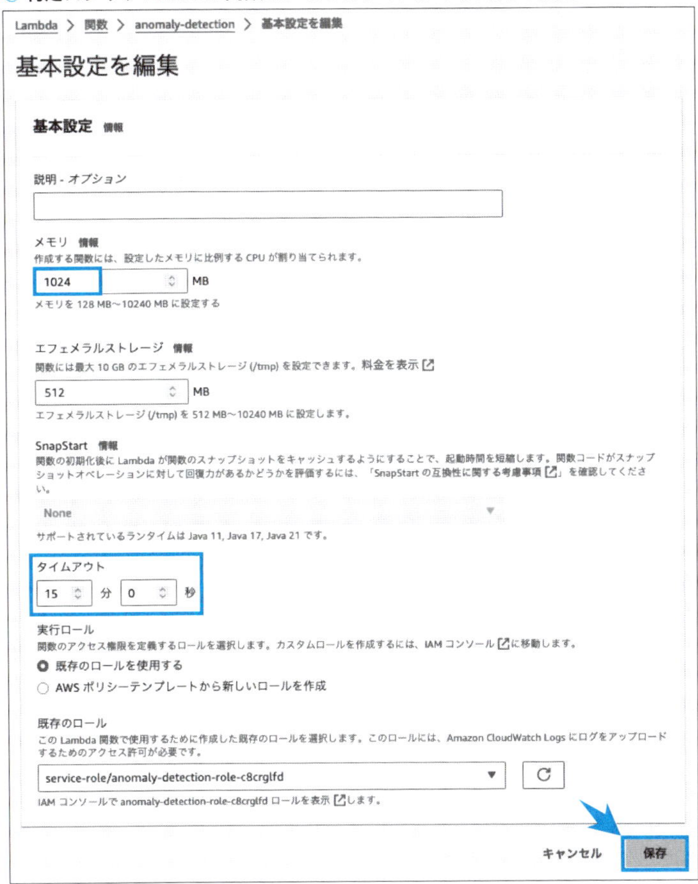

6 判定ロジック用AWS Lambda関数の環境変数設定更新

- “設定” タブに移動
- 左側メニューの “環境変数” をクリック
- 右上の “編集” ボタンをクリック
- 画面遷移後、“環境変数の追加” ボタンをクリック
- 以下の3つのキーと値を入力（BUCKET_NAMEには、モデル構築時に利用したご自身のバケット名を入力ください）

```
BUCKET_NAME : {your bucket name}
PREFIX_KEY : inference-data
THRESHOLD : 0.75
```

◉判定ロジックLambda関数の環境変数の設定

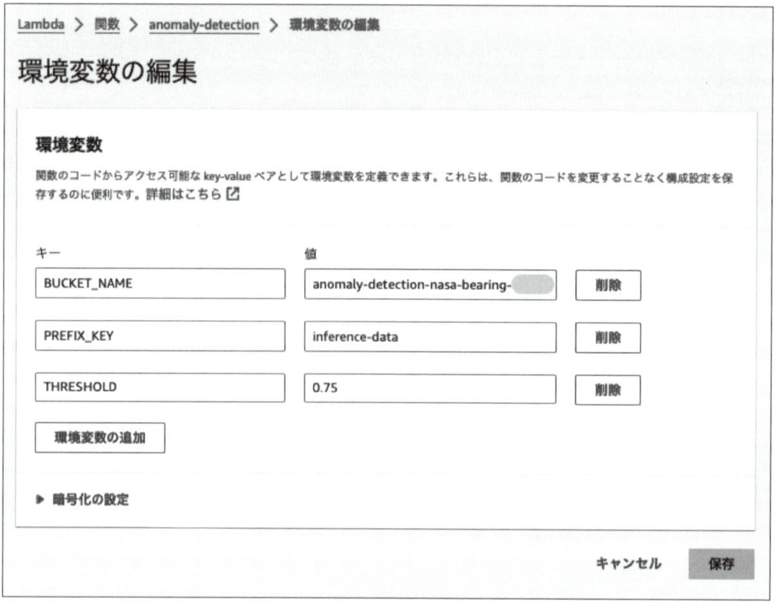

Lambda > 関数 > anomaly-detection > 環境変数の編集

環境変数の編集

環境変数

関数のコードからアクセス可能なkey-valueペアとして環境変数を定義できます。これらは、関数のコードを変更することなく構成設定を保存するのに便利です。詳細はこちら

キー	値	
BUCKET_NAME	anomaly-detection-nasa-bearing-	削除
PREFIX_KEY	inference-data	削除
THRESHOLD	0.75	削除

環境変数の追加

▶ 暗号化の設定

キャンセル　保存

最後にLambdaの実行ロールにS3へのアクセス権を付与します。

7 判定ロジック用AWS Lambda関数の実行ロール更新

- “設定” タブに移動
- 左側メニューのアクセス権限をクリック
- 上部に表示されるロール名をクリック
- 該当のIAMロール設定画面に移動
- “許可を追加” ボタン> “ポリシーをアタッチ” をクリック
- 画面遷移後、“ S3FullAccess” のポリシーにチェックを入れ、“許可を追加” ボタンをクリック

● Lambdaの実行ロールへS3アクセス権限の追加

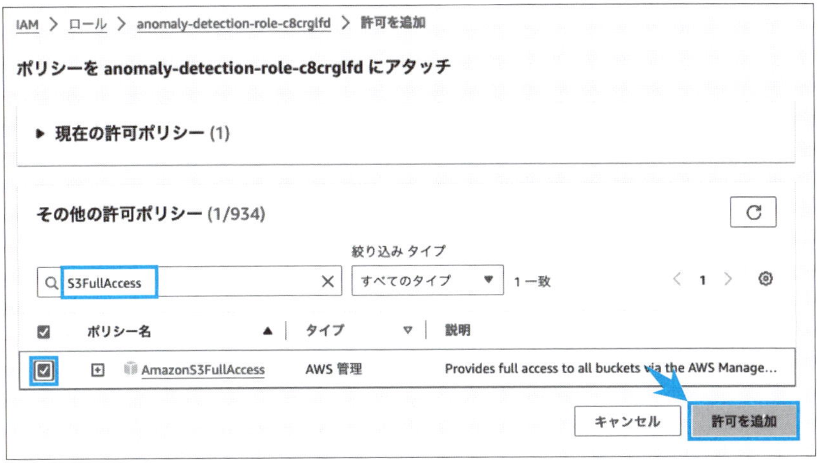

IAM > ロール > anomaly-detection-role-c8crglfd > 許可を追加

ポリシーを anomaly-detection-role-c8crglfd にアタッチ

▶ 現在の許可ポリシー (1)

その他の許可ポリシー (1/934)

絞り込み タイプ

S3FullAccess　すべてのタイプ　1 一致

	ポリシー名	タイプ	説明
☑	AmazonS3FullAccess	AWS 管理	Provides full access to all buckets via the AWS Manage…

キャンセル　許可を追加

以上で、Lambdaを使った判定ロジックの実装は完了です。

予兆検知実装：AWS Step Functions Workflowの実装

それでは、実行日時取得、異常検知モデルの推論実行、判定、通知を順に実行するワークフローの定義をします。AWS Step FunctionsのWorkflow Studioを使うとAWSサービスの実行フローを直感的に定義することができます。以下の操作を実施します。

1 判定ロジック用AWS Lambda関数の実行ロール更新

- AWSマネージメントコンソールのStep Functionsサービスページに移動
- 左上のメニューボタンをクリック
- “ステートマシン” > “ステートマシンの作成” の順にクリック
- “テンプレート選択” ポップアップにて、デフォルトで選択されている “Blank” にしたまま、“選択” ボタンをクリック

◉ステートマシンの作成

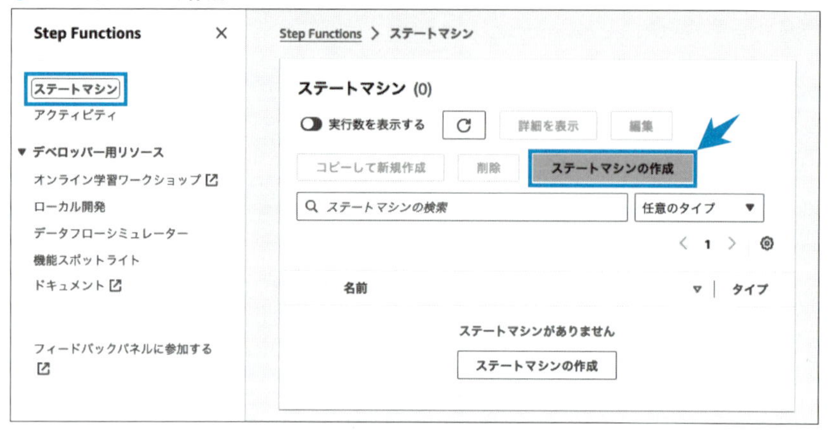

以上を実行すると、Workflow Studioの画面に遷移します。

Workflow Studioの画面構成は大きく分けて3つのコンポーネントからなり、ワークフローの中での作業単位である“状態（ステート）”でどのようなことを実施するかを選択できる“ステートブラウザ”、ステート間のつながりをワークフローとして可視化する“キャンバス”、キャンバスで選択されたステート内で実施する内容を設定する“Inspectorパネル”で構成されます。ワークフローを作成する際には、まずステートブラウザでやりたい作業に即したステートを選択し、ドラッグ&ドロップでキャンバスに配置します。ステート内でやりたい作業を設定するには、キャンバスで該当のステートを選択し、Inspectorパネルで設定内容を定義します。

◉Workflow Studioの構成

では、まず実行日時を各ステートに渡すLambdaを定義しましょう。

2 データ加工ロジックのステート定義

- ステートブラウザの検索バーに“Lambda Invoke”と入力
- “Invoke”ステートをキャンバスにドラッグ&ドロップ

◉実行日時Lambda Invokeステートの配置

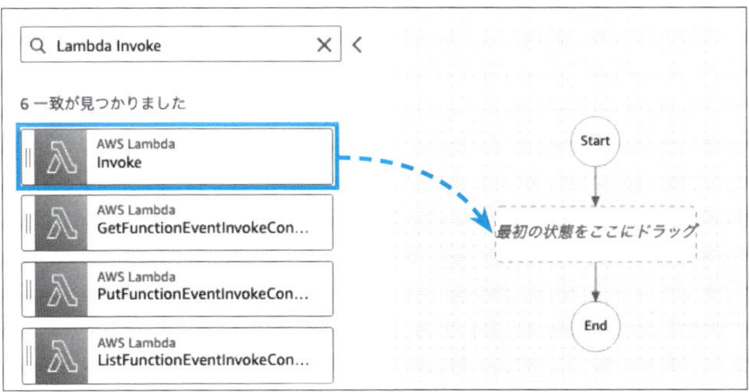

- Lambda Invokeステートがキャンバスで選択された状態でInspectorパネルの“設定”タブに移動

- APIパラメータの“Function name”にて、作成したデータ加工ロジックLambda関数get-exec-datetime:$LATESTを選択

◉実行日時Lambda関数の選択

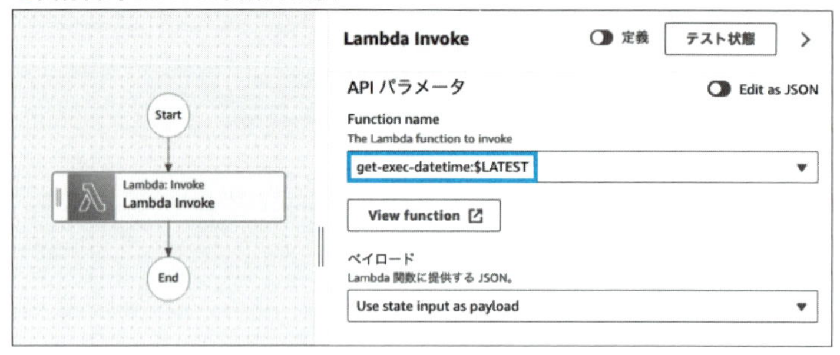

次にAmazon SageMakerバッチ変換（推論）のAPIを使って、バッチ推論を実行します。

3 Amazon SageMakerバッチ変換（推論）のステート定義

- ステートブラウザの検索バーに“SageMaker Transform”と入力
- “CreateTransformJob”ステートをキャンバスのLambda Invokeステートの下にドラッグ&ドロップ

◉バッチ変換（推論）実行ステートの配置

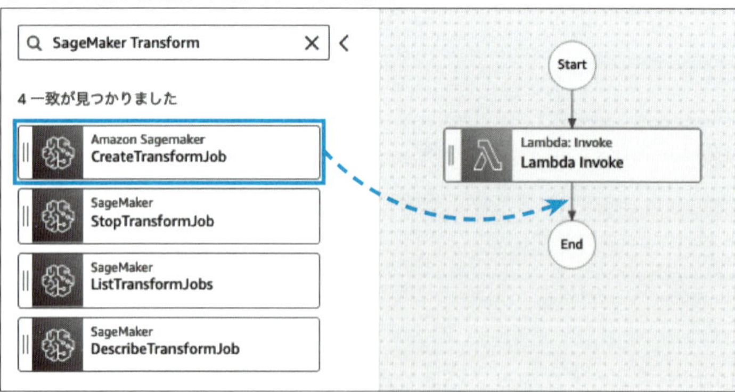

- SageMaker CreateTransformJobステートがキャンバスで選択された状態でInspectorパネルの“設定”タブに移動
- APIパラメータに以下のJSONを入力

```
{
  "ModelName": "{your model name}",
  "BatchStrategy": "MultiRecord",
  "DataProcessing": {
    "InputFilter": "$[1:4]",
    "JoinSource": "Input"
  },
  "TransformInput": {
    "CompressionType": "None",
    "ContentType": "text/csv",
    "DataSource": {
      "S3DataSource": {
        "S3DataType": "S3Prefix",
        "S3Uri.$": "States.Format('s3://{your bucket name}/csv/3rd_test/↩
{}/{}/{}',$.PrevYear,$.PrevMonth,$.PrevDay)"
      }
    },
    "SplitType": "Line"
  },
  "TransformOutput": {
    "AssembleWith": "Line",
    "Accept": "text/csv",
    "S3OutputPath.$": "States.Format('s3://{your bucket name}/↩
inference-data/{}/{}/{}',$.PrevYear,$.PrevMonth,$.PrevDay)"
  },
  "TransformResources": {
    "InstanceCount": 4,
    "InstanceType": "ml.m5.xlarge"
  },
  "TransformJobName.$": "States.Format('myjob-{}-{}-{}', $.StartDate, ↩
$.StartHour, $.StartMinute)"
}
```

{your model name}には異常検知モデルの検証の節で出力したモデル名(例:randomcutforest-2024-06-04-07-36-34-157)を入力ください。{your bucket name}には、モデル構築時に利用したご自身のバケット名を入力ください。

- 設定タブの下部に“タスクが終了するまで待機”のチェックボックスにチェック

◉バッチ変換（推論）ジョブ実行のAPIパラメータの変更箇所と実行待機フラグの設定

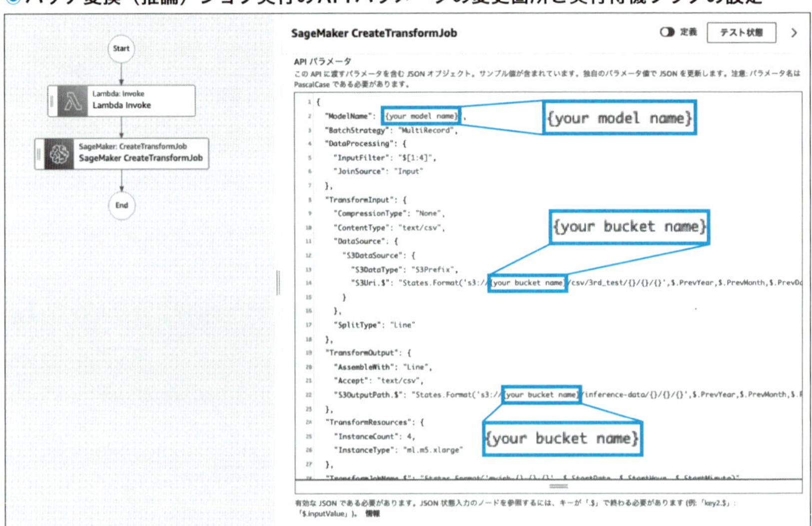

次にCreateTransformJobからの返り値を受け取るkeyを指定します。

- Inspectorパネルの“出力”タブに移動
- “ResultPathを使用して元の入力を出力に追加”チェックボックスにチェック
- “Combine original input with result”を選択し、パスを“$.key”と入力

◉ バッチ変換（推論）結果出力の設定

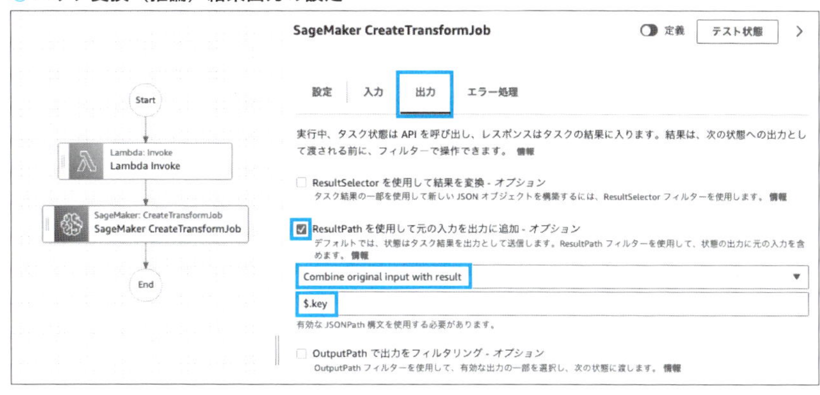

次に推論した結果を判定ロジックLambda関数で判定します。

4 判定ロジックのステート定義

- ステートブラウザの検索バーに“Lambda Invoke”と入力
- “Invoke”ステートをキャンバスのバッチ変換実行のステートの下にドラッグ＆ドロップ

◉ 判定ロジック Lambda Invoke ステートの配置

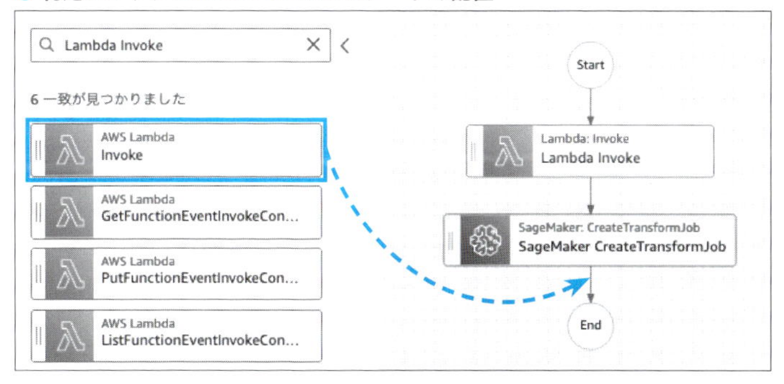

- Lambda Invokeステートがキャンバスで選択された状態でInspectorパネルの“設定”タブに移動
- APIパラメータの“Function name”にて、作成した判定ロジックLambda関

数anomaly-detection:$LATEST を選択

●判定ロジック Lambda 関数の選択

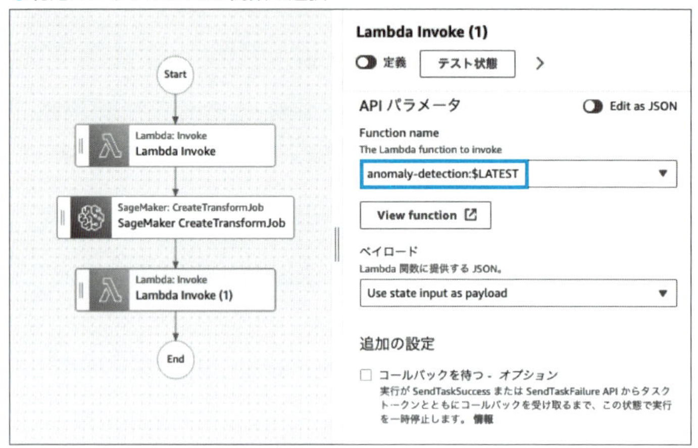

最後にSNSにて、Lambdaが出力した結果をトピックに送信します。

5 予兆検知結果通知のステート定義

- ステートブラウザの検索バーに “SNS Publish” と入力
- “Publish” ステートをキャンバスのLambda実行のステートの下にドラッグ＆ドロップ

●Amazon SNS Publish ステートの配置

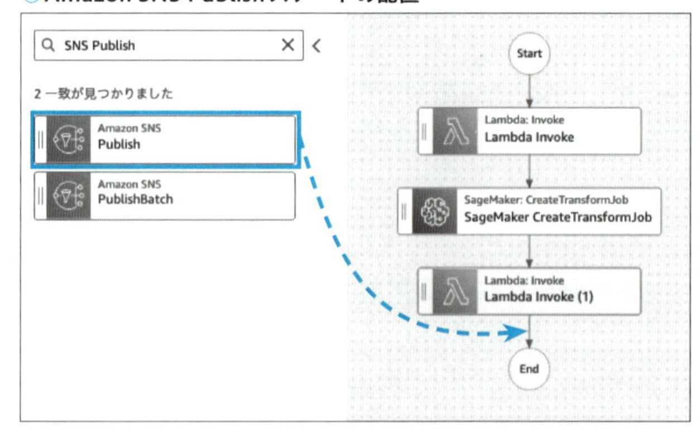

- SNS Publishステートがキャンバスで選択された状態でInspectorパネルの“設定”タブに移動
- APIパラメータの“Topic”にて、作成した予兆検知通知用トピックAnomaly DetectionTopicを選択

◉ 作成したトピックの指定

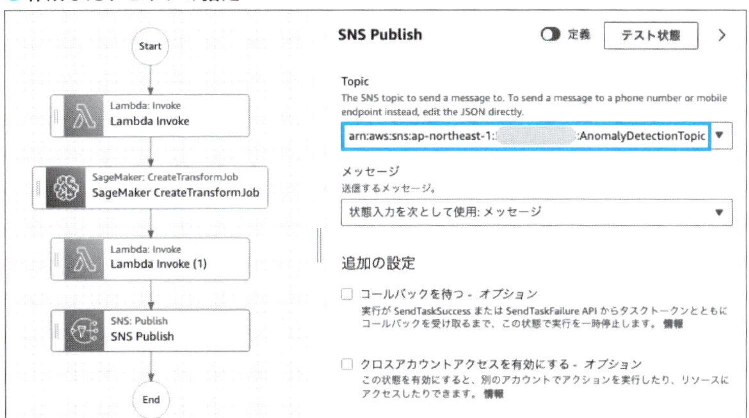

これで一連のフローは作成できました。次にステートマシンの設定をします。

6 ステートマシンの設定：IAMロールの定義

- 別ウィンドウでブラウザを立ち上げ、AWSマネージメントコンソールのIAMサービスページに移動
- 左上のメニュー“アクセス管理”>“ロール”をクリック
- “ロールを作成”ボタンをクリック
- “信頼されたエンティティタイプ”を“AWSのサービス”に指定
- “ユースケース”を“Step Functions”に指定
- “次へ”ボタンをクリック
- “許可を追加”画面ではデフォルトのまま“次へ”をクリック
- ロール名を“anomaly-detection-sfn-role”と入力
- “ロールを作成”ボタンをクリック

- IAMロールの画面で、“anomaly-detection-sfn-role”を検索し、ロール名をクリック
- 許可ポリシーの“許可を追加”ボタンをクリック
- AWS管理ポリシーの“AdministratorAccess”を選択（ここでは簡単のため、実行権限を広くとっていますが、本番環境での実装の際には権限を絞ることをオススメします）

◉ステートマシン実行用IAMロールへの実行権限付与

- Step FunctionsのWorkflow Studio画面に戻り、画面上の“設定”ボタンをクリック
- ステートマシン名を“anomaly-detection”とする
- 実行ロールを先ほど作成した“anomaly-detection-sfn-role”に選択
- “作成”ボタンをクリック

● ステートマシン名と実行ロールの設定

これで、ワークフローの作成は終了です。

予兆検知実装：Amazon EventBridgeスケジュールの作成

作成したワークフローを日次で実行するために、EventBridgeのスケジュールを作成します。以下の操作を実施します。

- AWSマネージメントコンソールのEventBridgeサービスページに移動
- 左のメニューの“スケジューラ”>“スケジュール”をクリック
- “スケジュールを作成”ボタンをクリック
- “スケジュール詳細の指定”画面で、スケジュール名に“anomaly-detection-rule”と入力
- スケジュールのパターンにて、“定期的なスケジュール”を選択
- “cronベースのスケジュール”を選択
- cron式は以下のように入力

```
cron(0,8,*,*,?,*)
```

以上のように定義することで、毎日8時にイベント発報することができます。

- フレックスタイムウィンドウはオフにします。

◉実行ステジュールの設定

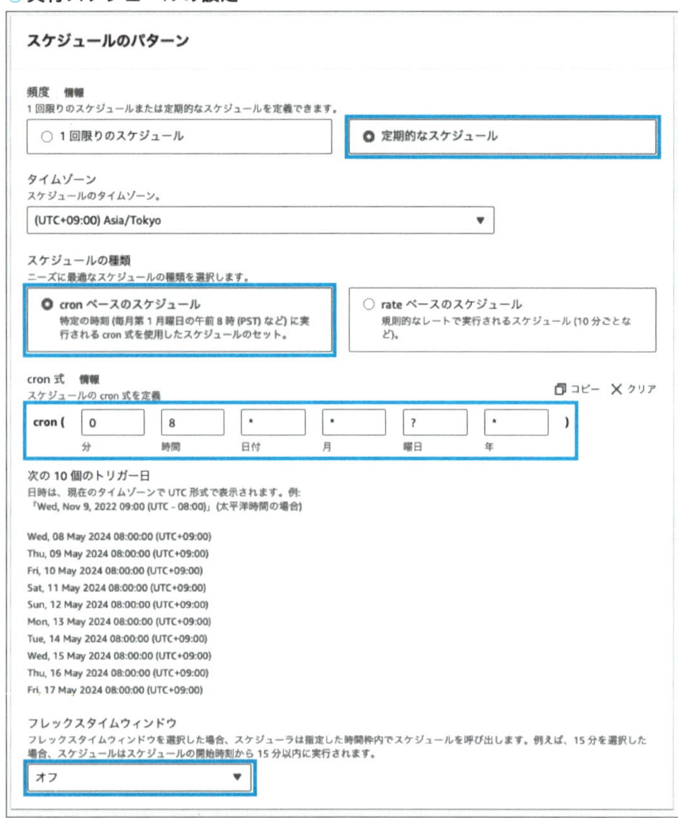

- cron式の入力後、“次へ”ボタンをクリック
- “ターゲットの選択”画面では、Step FunctionsのStartExecutionを選択
- 対象のステートマシンを上記で作成した“anomaly-detection”に選択し、“次へ”ボタンをクリック

●スケジュール実行のターゲットの選択

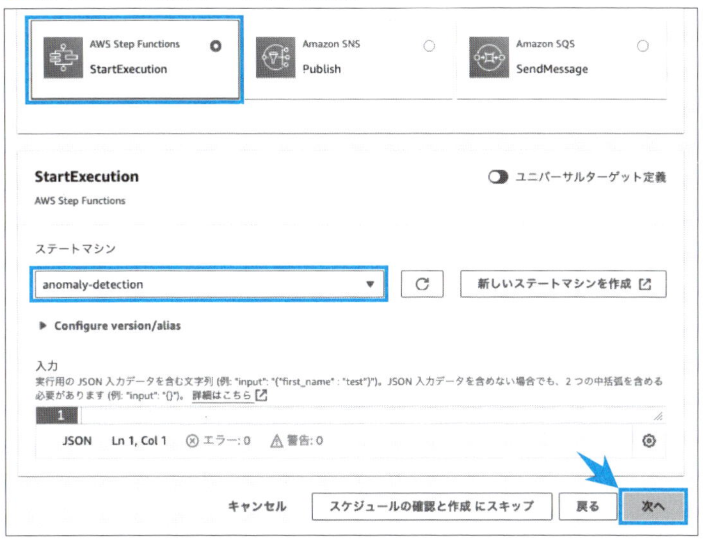

- “設定”画面はデフォルトのまま“次へ”ボタンをクリック
- “スケジュールの確認と作成”画面で内容を確認し、“スケジュールを作成”ボタンをクリック

これでスケジュールの作成が完了です。作成後はステータスが有効になるため、しばらく利用しない場合はチェックボックスにチェックを入れ、無効化ボタンでスケジュールの無効化をします。

以上で、日次の推論実行を行う予兆検知システムが完成しました。

推論データの準備と推論の実施

最後に日次推論を実際に実行してみます。本来はデバイスから送信されたデータを使って検証したいところですが、今回はNASA Bearing Datasetの2nd_testデータセットを学習データに使ってモデル構築しているため、擬似的にデバイスからS3にデータを送信されたとして予兆検知してみます。対象の推論データは、NASA Bearing Datasetの3rd_testデータセットとします。以前ダウンロードしたデータセットの3rd_test.rarを展開すると4th_testフォルダが作成されます。フォルダ構造は、IMS/4th_test/text/{ファイル}となっていることを確認ください。

●3rd_test.rar展開後のファイル配置

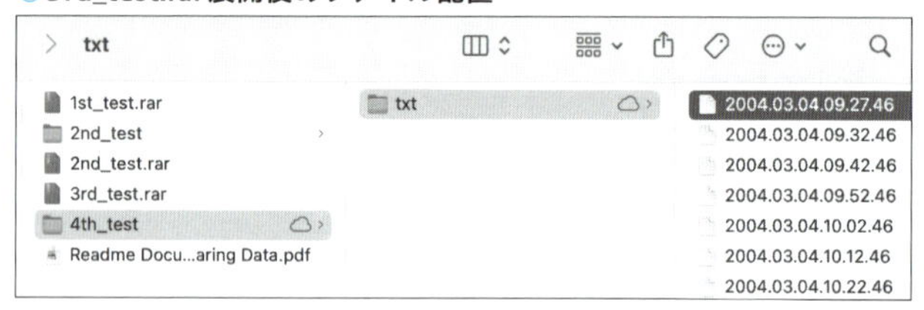

推論データをS3にアップロードします。以下の操作を実施します。

1 S3バケットへの推論データ配置

- AWSマネージメントコンソールのS3サービスページに移動し、予兆検知システムで作成したバケットを選択
- 以前作成したIMS/のprefix下に移動
- “フォルダ作成”ボタンをクリックし、“3rd_test”フォルダを作成
- ファイル名が2004.03.04で始まるファイル88個と2004.04.18で始まるファイル17個を3rd_testフォルダへドラック&ドロップ
- “アップロード”ボタンをクリック

●推論用ファイルのS3へのアップロード

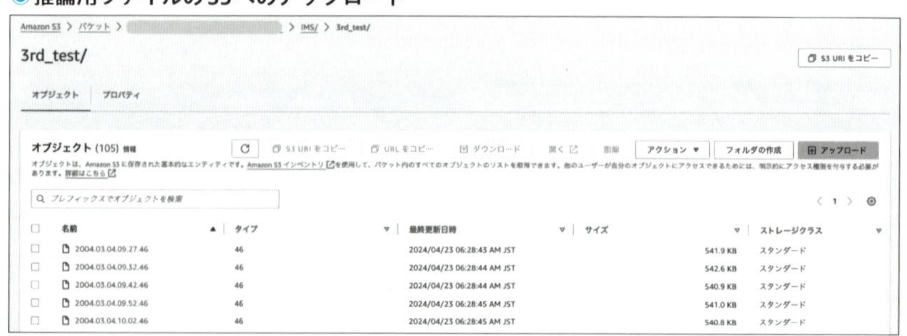

アップロードには1分程度かかることがあります。次にSageMaker Notebook Instancesを起動し、推論可能な形にデータを加工します。

2 ノートブックの起動

- AWSマネージメントコンソールのAmazon SageMakerサービス画面に移動
- Amazon SageMakerのページを開き、左側メニューの"Applications and IDEs" > "Notebooks" をクリック
- 先ほど作成したNotebookインスタンス（ここでは、anomaly-detection-nasa-bearing）の"JupyterLabを開く"をクリック
- JupyterLabが立ち上がったら、"Launcher" タブにあるNotebookメニューからconda_python3を選択し、新たにノートブックを作成

次にノートブック上で、先ほどアップロードしたデータのデータ加工を行い、推論用のcsvファイルを出力します。

3 ライブラリのインポート

- 以下のコードをセルに貼り付け、セルを実行（キーボードの Shift + Enter を押す）

```
!pip install smart-open
!pip install tqdm

import pandas as pd
import numpy as np
import datetime as dt
import csv
import smart_open
from tqdm.notebook import tqdm
import boto3
```

実行すると必要なpythonライブラリのinstallとインポートが完了します。

4 データの加工

- 以下のコードを貼り付け、“bucket_name”変数の入力を先にご自身で作成したバケット名に変更し、実行する

```
bucket_name = "{your bucket name}"
rawdata_prefix_key = "IMS/3rd_test"
csvdata_prefix_key = "csv/3rd_test"

#S3から生データのファイルリストを取得
s3_client = boto3.resource('s3')
bucket = s3_client.Bucket(bucket_name)

contents = []
continuation_token = None
while True:
    if continuation_token == None:
        response = bucket.meta.client.list_objects_v2(Bucket=bucket.
name, Prefix=rawdata_prefix_key)
    else:
        response = bucket.meta.client.list_objects_v2(Bucket=bucket.
name, Prefix=rawdata_prefix_key,ContinuationToken=continuation_token)

    if "Contents" in response:
        contents.extend([content for content in response["Contents"]])
        continuation_token = response.get('NextContinuationToken')
        if continuation_token is not None:
            print("continue")
        else:
            print("stop")
            break
    else:
        break

# 各ファイルでのデータ処理
for obj in tqdm(contents):
    if obj["Size"] != 0 :
        prefixKey = obj["Key"]
```

```
        #ファイル名から開始時刻の取得
        filename_format = '%Y.%m.%d.%H.%M.%S'
        target_time = dt.datetime.strptime(prefixKey.split('/')[-1], ↩
filename_format)

        #出力するcsvファイル名、urlを定義
        csv_filename = prefixKey.split("/")[-1]+'.csv'
        url = "s3://{}/{}/{}".format(bucket_name,csvdata_prefix_key,↩
csv_filename)

        #データ処理
        #S3から生データを読み込み、日付を先頭に追加してcsvファイルと↩
してS3に配置する。
        with smart_open.open(url, 'w', transport_params={'client': ↩
boto3.client('s3')}) as fout:
            writer = csv.writer(fout)
            with smart_open.open("s3://{}/{}".format(bucket_name,↩
prefixKey),'rb', transport_params={'client': boto3.client('s3')}) as fin:
                for _line in fin:
                    #ファイル中のレコード読み込み
                    _line = _line.decode().replace('\r\n','').split('\t')

                    #時刻追加
                    _line.insert(0,target_time.strftime('%Y-%m-%d ↩
%H:%M:%S.%f'))

                    #レコードの追加
                    writer.writerow(_line)

                    #時間の更新
                    target_time = target_time + dt.timedelta(millisecon↩
ds=600000/20480)
```

実行には数分程度かかります。実行が完了すると、以下のようにS3上にcsvファイルが作成されます。

● 推論用データのデータ加工後にS3に配置されたcsvファイル

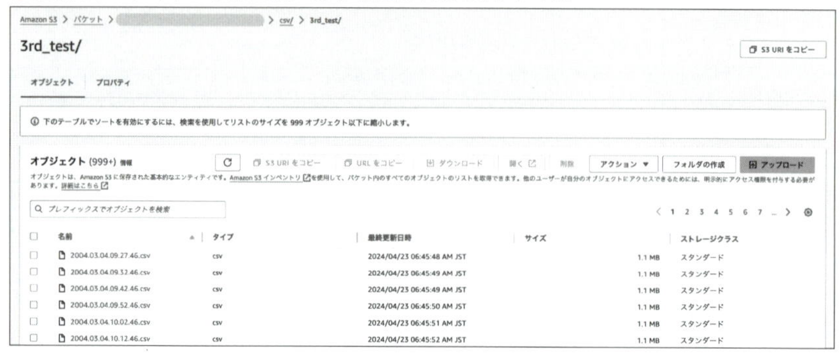

次に正常データに対して推論し、正常の判定が返ってくることを確認しましょう。

5　予兆検知システムの日次実行：正常データ

- AWSマネージメントコンソールのS3サービスページに移動し、予兆検知システムで作成したバケットを選択
- 昨日（推論実行日の前日）のprefix名（推論実行日が2024年4月23日であれば、その前日のprefix名 {your bucket name}/csv/3rd_test/2024/04/22）を作成

● 推論用データ配置フォルダの作成例

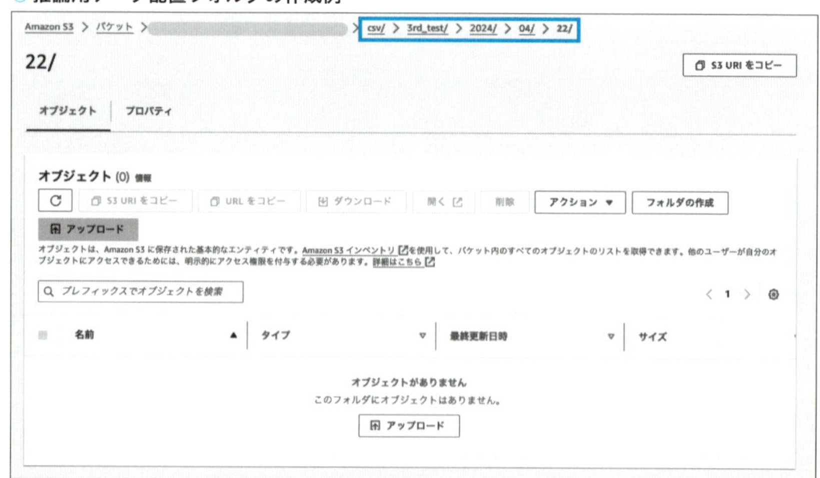

- {your bucket name}/csv/3rd_testのフォルダに移動し、正常データファイル（2004.03.04から始まるファイル）のチェックボックスにチェックを入れ、“アクション”ボタンをクリック
- “コピーする”をクリック

●csvファイルのコピー

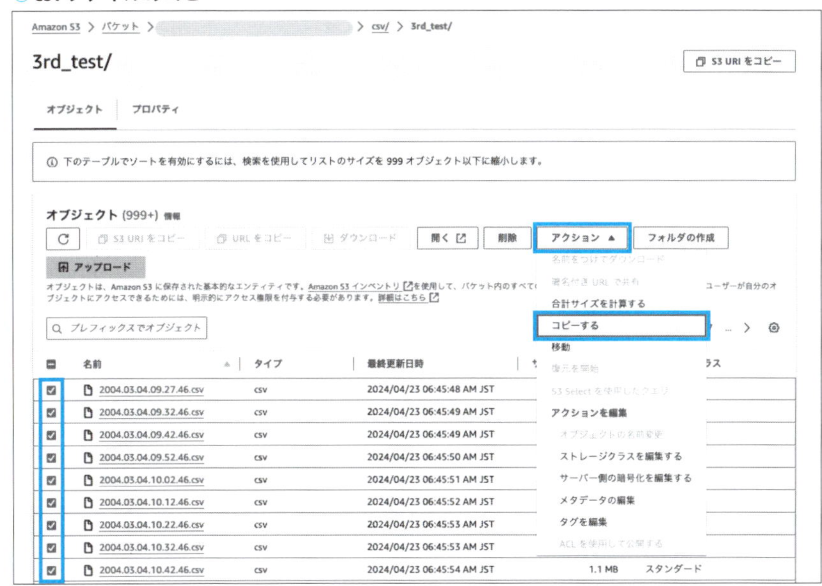

- 画面遷移後、送信先の設定で、“S3の参照”ボタンをクリック
- 送信先として先ほど作成した前日のフォルダを指定（ここでは{your bucket name}/csv/3rd_test/2024/04/22）

◉csvファイルコピー先の指定例

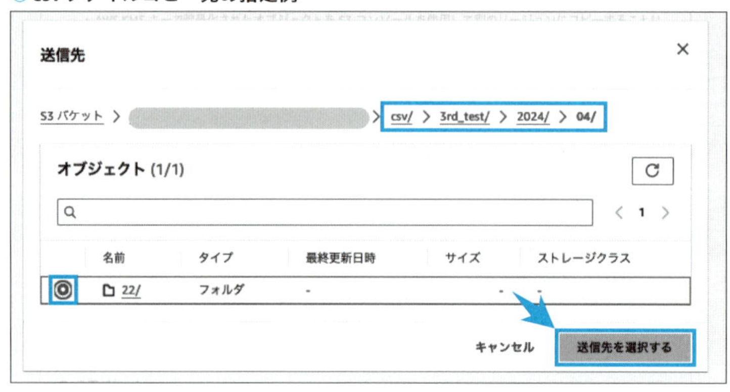

- “コピーするボタン” をクリックし、コピーを開始
- Step Functionsサービスのページに移動し、先ほど作成したanomaly-detectionステートマシンをクリック
- 画面遷移後に “実行を開始” ボタンをクリック
- “実行を開始” ポップアップが立ち上がるため、“実行を開始” ボタンをクリック

◉ステートマシンの実行

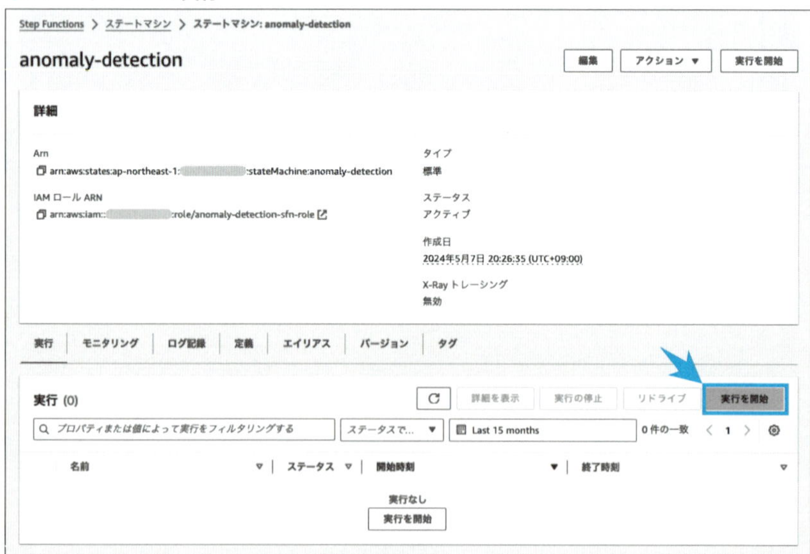

実行が開始されると実行状態がグラフビューで確認できます。実行完了までに10分ほどかかります。

◉ステートマシン実行時のグラフビュー例

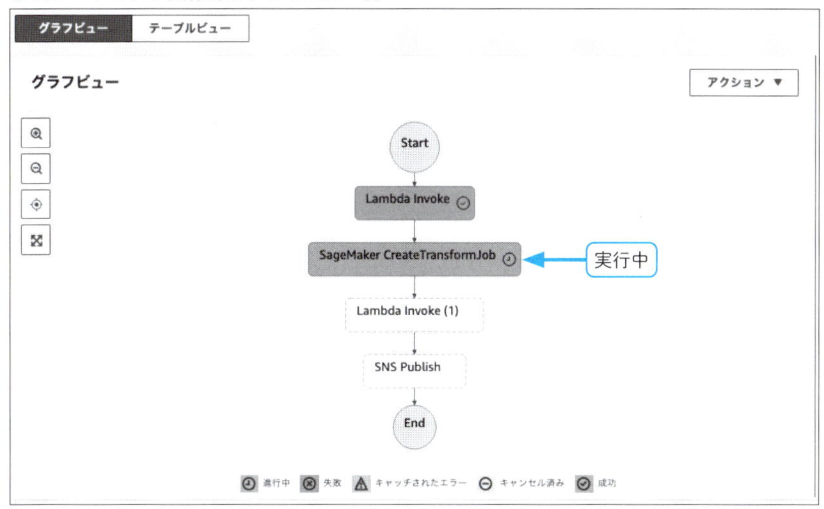

実行が完了すると、サブスクリプションで設定したメールアドレスに推論結果が通知されます。

◉送信された正常判定のメール

次は異常データで検証してみます。

6 予兆検知システムの日次実行：異常データ

- S3サービスの画面に移動
- {your bucket name}/csv/3rd_testのフォルダにある2004.04.18のデータを先ほど作成した実行日前日のフォルダ（実行日が2024年4月23日であれば、その前日のフォルダ{your bucket name}/csv/3rd_test/2024/04/22）に正常データの時と同様の方法でコピー
- Step Functionsサービスの画面に移動
- 正常データの時と同様の方法でanomaly-detectionステートマシンを実行

●送信されたベアリング異常判定のメール

実行が完了すると異常を検知したメールが通知されるはずです。

以上で予兆検知システムの実装と検証は完了です。興味のある方は、3rd_testの他の日のデータでも実施してみた上で、いつから予兆が検知できそうか確認してみてください。

最後に、各リソースの停止をします。まず、ノートブックインスタンスを停止しましょう。

7 SageMaker ノートブックインスタンスの停止

- AWSマネージメントコンソールのAmazon SageMakerのサービスページに移動
- 左側メニューの“Applications and IDEs” > “Notebooks”をクリック
- 該当のノートブックインスタンスのチェックボックスをチェック
- 右上“アクション”ボタンから“停止”を選択

◉ ノートブックの停止

ステータスが“Stopped”になったらインスタンスの停止は完了です。Amazon SageMaker Notebook Instancesはインスタンス起動時間に応じた料金が発生するため、利用しない場合は停止することをオススメします。

8 EventBridgeスケジュールの停止

- AWSマネージメントコンソールのAmazon EventBridgeのサービスページに移動
- 左メニューの“スケジューラ” > “スケジュール”をクリック
- 該当するスケジュールのチェックボックスにチェックを入れ、右上の“無効化”ボタンをクリック

EventBridgeスケジュールのステータスが有効になっている場合は、Step Functionsを定期的に実行されるため、料金が発生します。使用しない場合は無効化することをオススメします。

5-5 予兆検知システムの継続的改善

MLOpsの必要性とMLライフサイクルによる運用

以上で**予兆検知**システムが構築でき、**予兆保全**が実現可能となりました。今回構築した予兆検知システムのような、機械学習モデルを活用したシステムを実運用していく段階になると、通常のシステム運用で必要となるコードやログ、データの管理・運用に加えて、モデルの管理・運用が必要になってきます。機械学習モデルを活用したシステムでは、モデル品質（推論結果の精度や性能）がシステムの価値を決める大きな要因の1つともなりますが、モデル品質を一定に保つことは一般的に容易ではなく、さまざまな外的な環境要因によってモデルが劣化していく可能性があることを考慮に入れなければなりません。

記憶に新しいところでは、新型コロナウィルス感染症の拡大による消費行動の変化が例に挙げられます。特にマスク消費については、コロナ前（2019年以前）にあった購買の季節性の傾向（冬と花粉の季節には売れる傾向）がコロナ禍（2020-2023年ごろ）に入ったことで季節関係なく需要がある品目となりました。もし、コロナ前にマスクの需要予測モデルを構築し運用していた場合、コロナ禍に入ったとたん季節性の変化に追従できず、需要予測の精度が低くなり、ビジネスへの影響があったことでしょう。このような状況に素早く気づくためにも、モデル品質やデータ自体の品質をモニタリングすることで、システムの品質を担保する仕組みづくりが必要です。加えて、データやモデルの品質に変化があった場合、素早く対応するための仕組み作りも必要となるでしょう。モデル開発環境やモデル構築時のコードの再利用性を高めたり、過去作成したモデルと比較するために再現性を担保する必要が出てくることもあります。このように機械学習システムを開発・運用する際に考慮すべき方法論を**MLOps**といい、MLOpsを実現することで、機械学習プロセスとシステム運用が連携し、継続的に開発・実装・運用できる仕組みや体制を構築します。

ではMLOpsを実現するに当たって具体的に何をしたらよいでしょうか。AWSでは機械学習のビジネス適用を行う際のベストプラクティスとして、**機械学習レンズ（MLレンズ）**[7]を公開しています。**MLレンズ**では、機械学習をシステムへ適用する際のデザイン原則やライフサイクル、クラウドやテクノロジーにとらわれないベストプラクティス、概念的なアーキテクチャー図などを提供しており、通常のMLOpsの範囲を超えるビジネス領域も含めたMLワークロードへの指針を提供しています。MLレンズの中でとくに重要な概念として登場するのは、機械学習のビジネス適用におけるライフサイクル（MLライフサイクル）です。MLライフサイクルでは、ビジネス企画から機械学習モデルの構築・適用までの一連の流れを指針づける、有用なフレームワークを提供しています。図6はMLライフサイクルの概念図です。

図6　MLライフサイクルの概念図

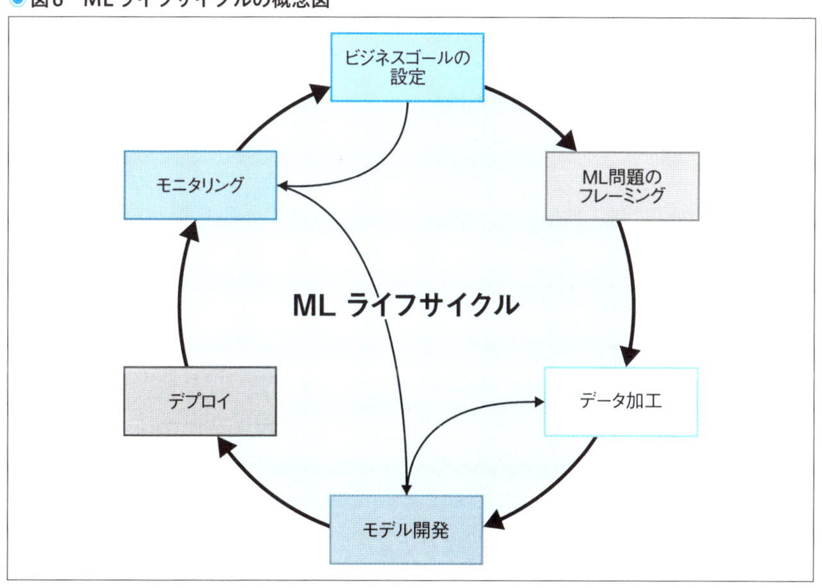

[7] Machine Learning Lens: https://docs.aws.amazon.com/wellarchitected/latest/machine-learning-lens/machine-learning-lens.html

このライフサイクルでは、機械学習モデルのビジネス適用の流れを6つのフェーズ（ビジネスゴールの設定、ML問題のフレーミング、データ加工、モデル開発、デプロイ、モニタリング）に分け、それぞれのフェーズ間を循環させることで実用性の高い機械学習システムの醸成化を図っていく仕組みになっています。

●MLライフサイクルの各フェーズの概要

MLライフサイクル・フェーズ	概要の説明
ビジネスゴールの設定	解決すべき課題やビジネス価値を明確にし、実稼働までの計画を立てる
ML問題のフレーミング	ビジネス課題を具体的な機械学習の問題に落とし込む
データ加工	実際にデータを収集・処理し、特徴量エンジニアリングなどを実施
モデル開発	機械学習モデルの構築・チューニング・評価を実施
デプロイ	開発したモデルをシステムで利用可能な状態にする
モニタリング	デプロイされたモデルを継続的にモニタリングし、異常があればアラート通知、必要があれば再学習を実施

実運用においては、MLライフサイクルをしっかりと回し続けることが重要であり、MLOpsを実現することで、この循環を効率的に回すことが可能となります。次の節では、ベアリング異常の予兆検知システムを例に、継続改善が必要となるケースを具体的に挙げた上で、その改善方法をMLライフサイクルやMLOpsの文脈に沿って考えていきたいと思います。

予兆検知システムの継続的改善へのアプローチ

今回作成したベアリング異常検知モデルは、図5に示すように早期に異常検知できる良いモデルとなりましたが、実運用していく際には継続的にモデルを改善していく必要があります。ここでは、(1) システムの状態変化に対する対応、(2) 類似設備へのモデル適用、(3) さまざまな異常パターンへの適用、(4) 異常が発生した部材の特定、の4ケースを例にとり、改善へ向けたアプローチ方法を解説していきたいと思います。

» ケース1：設備の状態変化に対する対応

実際の製造現場では部材交換などにより設備の状態が変化することがよくあります。今回は、ベアリングが対象部材のため、ベアリング自体の交換やセンサーの取り付け場所の変更、キャリブレーションなどで、設備の状態が変化することが想定されます。設備の状態変化により、取得される加速センサーデータの傾向が変わり、異常検知モデルの誤検知が増える懸念があります。こういったデータ傾向の変化はデータドリフトと呼ばれ、加速度センサーのデータ分布が変化したことを示します。設備の状態がモデルで学習された正常状態とは異なる正常状態に変化したため、現在の正常状態をモデルが異常と捉え、誤検知が増えることとなります（図7）。

●図7　正常データのデータドリフトの概念図

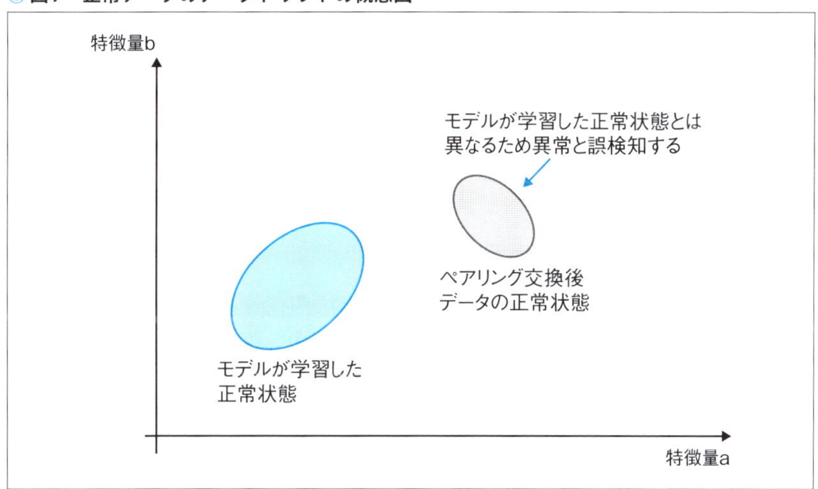

このケースへの対応策としては新たな正常状態での再学習が効果的です。一方で、ベアリング交換やキャリブレーションが発生するたびに再学習の必要があるため、再学習の自動化が必要となります。

再学習を自動化するには、モデルの精度やデータドリフトのモニタリングを行った上で、モデルの劣化を検知し再学習を行う一連の作業パイプライン（再学習パイプライン）を実装することで実現できます。これは**MLライフサイクル**におけるモニタリングフェーズからモデル開発フェーズへの循環に相当します。Amazon SageMakerでは、モデル品質やデータ品質をモニタリングする**Amazon SageMaker Model Monitor**機能を提供しており、これを用いてドリフトを検知することが可能です。また、再学習パイプラインを構築するにあたって、**Amazon SageMaker Pipelines**の機能を使うことで、対象の学習データを加工し、学習し、モデルを構築する流れを自動化することが可能です。

別の対応策も考えられます。さまざまな設備の状態変化に対しても頑健な汎用モデルを構築する方法です。汎用モデル構築にあたっては、部材交換やキャリブレーションに依存しない特徴量を抽出・選択することで解決できると考えられます。特徴量の抽出には、設備技術者の知見を活用するケースや、さまざまな設備の状態のデータを大量に取得した上で深層学習を使って特徴抽出するケースがあります。この循環はMLライフサイクルにおけるモデル開発とデータ取得の循環に相当します。さまざまな試行錯誤を行い、精度の高い頑健なモデル構築を試みます。Amazon SageMakerでは、**Amazon SageMaker Experiments**機能を提供しており、さまざまな試行錯誤を記録し、作成されたモデルの精度の比較など、実験を効率的に管理することが可能です。

ケース2：類似設備へのモデル適用

類似の設備にモデルを適用して、モデルを横展開したいというニーズは多くありますが、学習した設備とは正常状態が異なるため、モデル適用後に見逃しや誤検知が増える傾向にあります。こちらもベアリング交換による誤検知の増加と仕組みは同じため、再学習が効果的です。一方で、設備ごとに異なるモデルとなるため、どの設備でどのモデルを利用するかを管理する必要が出てきます。Amazon SageMakerでは、**Amazon SageMaker Model Registry**機能を提供しており、モデル学習パイプライン（データ加工と学習、モデル構築のパイプライン）と連携してモデルを登録し、モデルのバージョン管理を行うことができます。たとえば、設備Aと設備Bで学習データが異なる学習パイプラインを実行し、モデルAとモデルBをModel Registryに登録し、管理することが可能です。

また、ケース1と同様に、さまざまな設備の正常データを収集・学習して汎用モデルを構築するアプローチをとることもできるでしょう。異なる設備でも、異常時に発生する共通の現象を変数化し、モデルの特徴量として学習することができれば、さまざまな設備に応用可能なモデルが構築できると言えます。なお、ベアリングの異常は古くから周波数解析を使った研究がされており、特定の周波数領域のスペクトルに異常の兆候が現れることが知られています。そこで、加速度センサーの生値から高速フーリエ変換（FFT）で特定の周波数領域のスペクトルを算出し、それを特徴量として学習することができれば、汎用モデル構築に一歩近づける可能性があります。ベアリング以外の設備においても、その設備特有の異常兆候を捉えることのできる特徴量を発見し学習することで、より良いモデル構築が可能です。

» ケース3：さまざまな異常パターンへの適用

高性能の異常検知モデルが構築できて本番適用してみたものの、発生件数の低い特定の劣化異常しか検知できず、大きな投資対効果が得られなかった、の様な“やってみたらビジネス効果が低かった”系の失敗談をよく耳にします。この場合は、“予兆検知ができたら投資対効果が高い異常パターンは何か”を深掘って議論するところから始める必要があります。MLライフサイクルにおいて、もっとも重要なフェーズである『ビジネスゴールの設定』から再度開始します。

ビジネスゴールの設定では、どのようなビジネス課題がありKPIとして何を改善するか、活用できるデータとして何があるか、どのような機械学習のタスクでビジネス課題を解決できそうか、機械学習システムにかかるコストはどの程度か、などの検討項目があり、これらの検討項目を初期段階で現場担当者からビジネス企画者まで目線合わせを行うことで、後段のフェーズで発生しうる認識のズレを無くすことが可能です。図8にビジネス効果とML課題の難易度によるビジネス課題の分類方法の概念図を示しました。最初に取り掛かるべきビジネス課題（もしくは異常パターン）はビジネス効果が高く、ML課題の難易度が低い（実現可能性の高い）、A事象にある課題となります。高性能のモデルができたが発生件数の低い異常しか検知できなかったという失敗は、図8のC事象の異常ケースに取り組んでいたこととなります。このケースではMLの練習問題とはなるものの、ビジネス効果に直結しないケースといえます。

また、検知できるとビジネス効果が高い異常パターンはわかっているものの、ML課題の難易度が高いケース（図8のB事象）もあります。たとえば、加速度センサーによる振動データだけでは、検知できないベアリング異常のパターンです。一般的にさまざまなベアリング異常パターンを検知するには振動データだけでは難しく、ベアリングの温度や音などから総合的に判断することが必要です。新たなデータ取得方法やマルチモーダルな分析手法の検討など長期的かつ多角的な視点で取り組むべき課題となり、難易度が高くなります。こうしたML課題に取り組む中でモデル精度が期待する精度に達しない（誤検知率、見逃し率が高い）場合もありますが、運用面でカバーしてモデルを活用することもできます。たとえば、図5のような異常度スコアに対して閾値をあげて誤検知を減らした上で、異常の可能性の高い事象に対してのみ、現場確認や人手による検査を実施する試験運用を実施してみます。最初はビジネス効果も低いですが、同時に正常か異常かの正解ラベルをより詳しく得ることができるようになります。このMLライフサイクルを繰り返すことで、より精度の高いモデル構築に向けた取り組みが可能になります。

ビジネス効果が低く、ML課題の難易度が高いケース（図8のD事象）については、ML以外方法で解決可能かを検討してみます。例としては、突発的に起きる異常に対する検知で、隣接する設備から飛来する異物の噛み込みによる故障などです。このような故障は予兆が現れず故障に至ることもあり、機械学習モデルによる検知が困難なケースの1つです。この様なケースでは、設備運用の観点で解決することにし、機械学習以外での解決方法（他設備からの影響を排除する設備設計の見直しなど）を検討するのがベターと考えられます。

この様な議論をビジネス企画者や現場担当者、データサイエンティストや予兆検知システム担当者などを交えて議論するのがビジネスゴールの設定フェーズです。全体の異常ケースを把握する上で図8のような概念図を作成し、ビジネス効果が高く難易度の低い異常ケース（図8のAの事象）の特定を行っておけば、本当に改善が必要な異常ケースをモデル構築前に判断できます。ビジネス活用する際には、ぜひビジネスゴールの設定から検討を実施していただければと思います。

◉図8　ビジネス効果とML課題の難易度によるビジネス課題の分類と優先順位

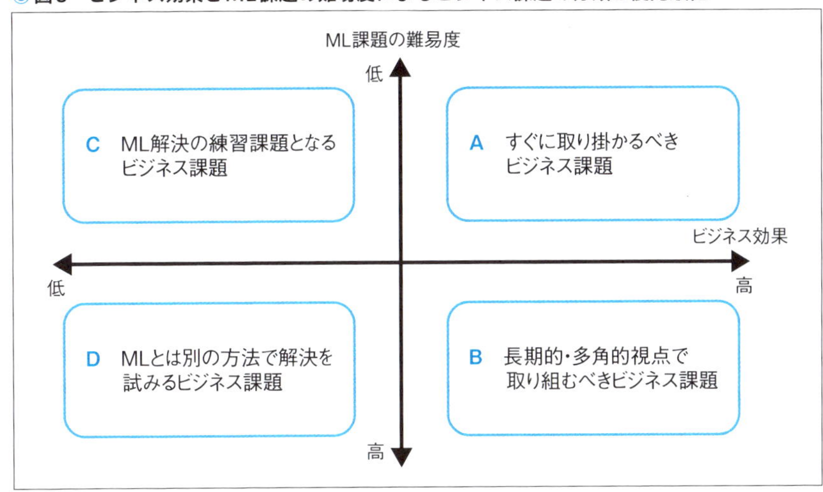

» ケース4：異常が発生した部材の特定

今回作成したモデルは4つの加速度センサーを1つに束ねた異常検知モデルのため、どのベアリングが異常かを1つの異常度スコアから判断することはできませんでした。これもケース3で紹介した機械学習ライフサイクルにおける『ビジネスゴールの設定』での検討を実施していないがために、どのようなビジネス要件があるかを特定できなかったことが起因しています。改善が必要な業務フローの中に、"異常発生ベアリングの特定"というアクションがあれば、このような機械学習タスクが必要なことが事前にわかっていたでしょう。

異常が発生したベアリングを特定するためのアプローチとしてもっとも単純な方法は、個々のベアリングで異常検知モデルを作ることでしょう。つまり今回の設備では4つのベアリングがあるため、4つの異常検知モデルを作成し、それぞれで異常度スコアを監視することになります。特定のベアリングの異常度スコアが上昇したら、そのベアリングが犯人というわけです。一方で、同一シャフトにベアリングが設置されていることから、あるベアリングで発生した異常振動が他のベアリングの加速度センサーに伝播することで、他のベアリングの異常度スコアも上昇することとなります。そのため、各異常度スコアの閾値判定だけで判断せず、異常度スコアのヒートマップによる可視化を行った上で、どのベアリングが怪しいかを人手で判断する必要があるでしょう。このように、“異常発生ベアリングの特定”という要件に対して、モデルに必要な機能要件（インプット、アウトプット要件など）を明確にし、具体的な機械学習タスクに落とし込む作業が必要になります。これは、図7の機械学習ライフサイクルにおける『ML問題のフレーミング』フェーズで検討する内容になります。ビジネスゴールを特定した上で、機械学習タスクに落とし込み、モデル構築の作業に取り掛かるという流れを実践いただくと、後々手戻りも少なくなるでしょう。

以上、4つのユースケースで改善に向けたアプローチ方法を紹介しました。予兆検知システムを実際に運用してみると、設備の多さや対象のML課題の多さにMLOpsの実現なしには運用が回らなくなることが考えられます。Amazon SageMakerではMLOpsを実現する各種機能が豊富に用意されていますので、実際に手を動かしてみてMLOps実現に向けてご活用いただければと思います。なお、筆者が作成して動作確認を行ったプログラムは、

https://github.com/tsugunao/IoTBook/tree/main/predictive_maintenance

からダウンロードすることが可能ですので参考にしてください。

索引

アルファベット

A

参考URL一覧

2章

・Freenove ESP32-WROVER CAMボード
https://www.amazon.co.jp/dp/B09BC5CNHM
・Andruno IDE
https://www.arduino.cc/en/software
・Micropython
http://micropython.org/
・Getting Started with ESP-IDF
https://idf.espressif.com/
・espressif/esp-iot-aws
https://github.com/espressif/esp-aws-iot

3章

・aws/aws-iot-device-sdk-python-v2　AWS IoT Jobのサンプルプログラム
https://github.com/aws/aws-iot-device-sdk-python-v2/blob/main/samples/jobs.py
・AWS SAM CLIのインストール手順
https://docs.aws.amazon.com/ja_jp/serverless-application-model/latest/developerguide/install-sam-cli.html

4章

・AWS Pricing Calculator
https://calculator.aws/#/
・Anacron-sec/esp32-DHT11
https://github.com/Anacron-mb/esp32-DHT11

5章

・NASA Bearing Dataset
https://www.nasa.gov/intelligent-systems-division/discovery-and-systems-health/pcoe/pcoe-data-set-repository/
・NASA Bearing Dataset（Kaggle）
https://www.kaggle.com/datasets/vinayak123tyagi/bearing-dataset
・AWSブログ“「もう悩まない！機械学習モデルのデプロイパターンと戦略」を解説する動画を公開しました！”
https://aws.amazon.com/jp/blogs/news/ml-enablement-series-dark05/
・Random Cut Forest (RCF) Algorithm
https://docs.aws.amazon.com/ja_jp/sagemaker/latest/dg/randomcutforest.html
・Robust Random Cut Forest Based Anomaly Detection On Streams
http://proceedings.mlr.press/v48/guha16.pdf
・Machine Learning Lens
https://docs.aws.amazon.com/wellarchitected/latest/machine-learning-lens/machine-learning-lens.html

著者プロフィール

小林 嗣直
アマゾンウェブサービスジャパン合同会社 プロフェッショナルサービス本部 シニアIoTコンサルタント。
ソニー株式会社にてコンシューマー向けのプロダクトのソフトウェア開発を行う。組み込み系のOS開発やデバイスドライバの開発から、Androidアプリの開発、Webフロントエンドの開発に従事。2015年より大手インターネットEC事業者にてECサイトのバックエンドシステムの開発・運用を行う。2017年より、アマゾンジャパンにてアマゾンのECサイトのシステムの要件定義、機能開発に従事。2020年よりAWS Japanのプロフェッショナルサービス部門にて、AWS IoTを活用したビジネスの技術支援を行っている。

大平 賢司
アマゾンウェブサービスジャパン合同会社 プロフェッショナルサービス本部 シニアデータサイエンティスト。
日本アイ・ビー・エム・サービス株式会社（現IJDS）にてシステム開発、運用・保守、アプリケーション開発を行った後、おもに製造業のお客様を中心にしたデータ分析に従事。その後、オムロン株式会社にて設備異常検知AIの開発に従事し、2019年よりAWS Japanに入社。プロフェッショナルサービス部門にてお客様のデータ活用に向けた技術支援を行っている。

■お問い合わせについて

本書に関するご質問は、記載内容についてのみとさせていただきます。本書の内容以外のご質問には、一切応じられませんので、あらかじめご了承ください。なお、電話でのご質問は受け付けておりません。書面またはFAX、弊社Webサイトのお問い合わせフォームをご利用ください。

ご質問の際には以下を明記してください。

・書籍名
・該当ページ
・返信先(メールアドレス)

ご質問の際に記載いただいた個人情報は質問の返答以外の目的には使用いたしません。

お送りいただいたご質問には、できる限り迅速にお答えするよう努力しておりますが、お時間をいただくこともございます。

■問い合わせ先

〒162-0846
東京都新宿区市谷左内町21-13
株式会社技術評論社　書籍編集部
「AWS IoT実践講座」係

FAX:03-3513-6183
Web:https://gihyo.jp/book/2024/978-4-297-14518-7

【装丁】
菊池 祐(株式会社ライラック)

【本文デザイン・DTP】
SeaGrape

【編集】
小吹陸郎

AWS IoT実践講座
～デバイスの制御からデータの収集・可視化・機械学習まで～

2024年12月12日　初版　第1刷発行

著　者　小林嗣直、大平賢司
発行者　片岡巌
発行所　株式会社技術評論社
東京都新宿区市谷左内町21-13
電話　03-3513-6150　販売促進部
　　　03-3513-6166　書籍編集部

印刷・製本　日経印刷株式会社

定価はカバーに表示してあります。

ISBN978-4-297-14518-7 C3055

Printed in Japan